PLANTES
à BONBONS

大自然的精神

对于我们普罗众生而言，世俗的生活处处显示出作为人的局限，我们无法逃脱不由自主的人类中心论，确实如此。而事实上，人类的历史精彩纷呈，仿佛层层的套娃一般，一个个故事和个体的命运都隐藏在家族传奇或集体的冒险之中，尔后，又通通被历史统揽。无论悲剧，抑或喜剧，无论庄严高尚、决定命运的大事，抑或无足轻重的琐碎小事，所有的生命相遇交叠，共同编织“人类群星闪耀时”的锦缎，绘就丰富、绚丽的人类史画卷。

当然，这一切都植根于大自然之中，人类也是自然中不可或缺的一部分。因此，每当我们提及“自然”，就“自然而然”地要谈论人类与植物、动物以及环境的关系。在这个意义上说，最微小的昆虫也值得书写它自己的篇章，最不起眼的植物也可以铺陈它那讲不完的故事。因之投以关注，当一回不速之客，闯入它们的世界，俯身细心观察，侧耳倾听，那真是莫大的幸福。对于好奇求知的人来说，每样自然之物就如同一个宝盒，其中隐藏着无穷的宝藏。打开它，欣赏它，完毕，再小心翼翼地扣上盒盖儿，踮着脚尖，走向下一个宝盒。

“植物文化”系列正是因此而生，冀与所有乐于学习新知的朋友们共享智识的盛宴。

塞尔日·沙

PLANTES à BONBONS

糖果植物

[法] 塞尔日·沙 著

陈佳欣 译

生活·讀書·新知 三联书店

目录

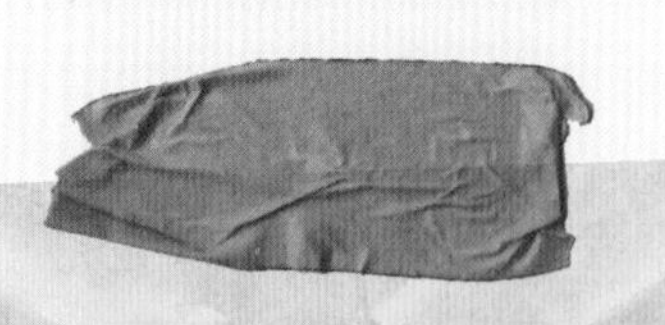

序 言

甘甜之书

暴食为七宗罪之一，有人由此误解为应当限制享用美食。不过兵来将挡，水来土掩，甜食和糖果自诞生之初，就打着医药和治疗的名义，这个“旗号”着实高明，让我们向前人的坚持致敬。我们将会发现，糖果和人类一如既往地维持着密不可分的关联。

纵观人类历史，人们始终孜孜不倦地探索生活的奥秘，也从未停下追求乐趣和舒适的脚步，在化学研究开发上取得了巨大的突破。为了解决难题，改善福祉，人类不断地从大自然中汲取宝藏。他们与蜜蜂订立酿蜜的契约，他们遍寻田间，发掘制糖植物，所以说到美食和糖果，总是绕不开植物。

如果说现在化学品取代了很多天然香料，我并不会为此而深恶痛绝，因为我出生于黄金三十年（Trente Glorieuses，指“二战”结束后，1945 至 1975 年法国的历史。——译注），我童年时代最美味的咖喱就是食品化学家的功劳。而随着年龄和学识的增长，我开始感受到手工制作的无可比拟，而精细的制作工艺，也承载着怀旧的记忆。当我品尝那些“老派”糖果和那些曾作为高档礼品精心包装的地方特产时，我越发能咀嚼出其中的乐趣所在。

糖果与人类息息相关，归根结底那是人与人之间的情感纽带。虽然针对糖果的地域优势会略有争议，但也无伤大雅。

如今一颗小小的糖果背后就蕴含着一段段悠久的历史。沙沙作响的糖纸中隐藏着数个世纪的改良革新，凝聚着几代人逐渐累积的技艺。这就如同科技发展逐渐迈向成熟，医学领域、航天工程不断取得进步。几百年来制糖锅炉始终滚烫，糖果师经历挫败却锲而不舍。几百年来传承发展，甘草棒中的咸涩味消失了，进化成了人们爱不释手的加尔（Car）甘草糖。

糖果也维系着人与人之间的情感，令人回想起感动的画面：父亲把“矿工糖”塞在口袋里，送到矿上；老师说话时口气清新，散发着薄荷的气息；休息时大伙分享着草莓口香糖；两个人同嚼一根可乐棒棒糖，你一口，我一口。对我个人而言，糖果是礼拜四的回忆（当时小学生礼拜四放假，后来休息日调整为礼拜三）。早上我和姐姐会去买面包，我们会把巧克力面包的一头掰下来，喂给面包房旁边那条可怜的狗吃。我们还会给牵牛花通通风，让它早日开花。那时已经开始推行新法郎，但我们的零钱包里还是照旧放着100旧法郎（1960年推行的新法郎币值为旧法郎的100倍。——译注）。一法郎就是我们礼拜四早上干活的报酬，我们会花上20分钟去买一大堆糖果回来。当时的我完全不讲究糖果产地，也全然不知植物竟在制糖中起着如此重要的作用。现在，我对此略知一二，那就让我来和大家分享一下这些知识吧。“喂喂，你们这样做可不好！”趁我说话的时候把彩色软糖里的黑糖都扫空了，那可是最好吃的！

塞尔日·沙

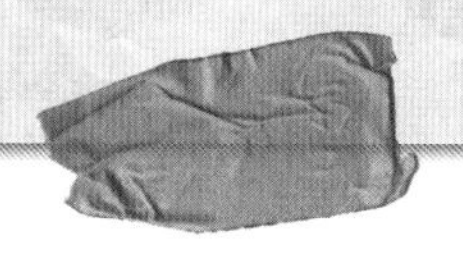

分目录

欢迎各位美食家翻开这本书。

糖业简史

甜食与糖

从标题看，区分“甜食”（sucré）与“糖”（sucre）似乎过于严苛，但这两个词曾分别指不同的历史——虽然现在都可以用来指“糖果”。要理解这段漫长的历史，必须追溯到古希腊、罗马时代，而且要从健康问题说起。如今，糖被诟病为有害公众健康，而在最初，糖和蜂蜜正是用于医药的。

蜜之甘甜

蜂蜜的防腐特性引起了古人的重视，因此人们使用蜂蜜来贮藏食物。最早的糖业，就是处理食品和药品的储藏问题。法语动词 confire（腌渍）来源于拉丁语 conficere，意思是完成、加工、制成。它是指药物制作的全部步骤，包括在蜂蜜和糖中贮存这个环节。随后，这个词的词义发生

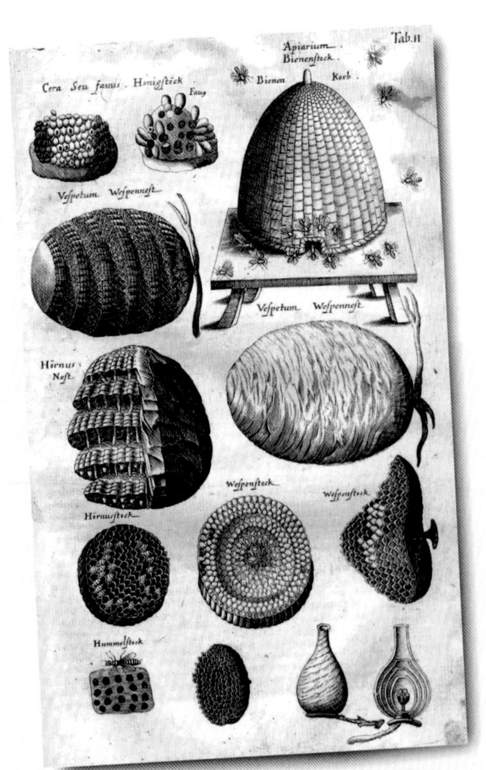

养蜂业跨越了几个世纪，保持着自古以来的面貌。

了演变，仅指将水果放在蜂蜜和糖中烧煮腌渍，以起到储藏的作用。

史前时期，蜂蜜已经为人所知，而古希腊、罗马时期，养蜂业的兴起使蜂蜜更为普及。当时，甘蔗提炼的蔗糖还十分罕见，历经了几个世纪，甘蔗培植及蔗糖生产才逐渐发展起来，因此过去糖的用途仅局限于医疗领域。

此后，糖在地中海沿岸全面生产，并出口到北欧，产量持续增加，但仍属于权贵的专利。尽管如此，糖还是渗透到了烹饪中。甜食在用餐中越发受到青睐，或变身地方特产，或成为馈赠贵宾的尊贵礼品。直到19世纪，随着甜菜提炼出糖，食糖才真正进入寻常百姓家。随后经过制糖产业的全面发展，逐渐演变成为现代的糖果。

当欧洲人开始引种甘蔗时，阿拉伯人就已经掌握了甘蔗的种植，并在制糖上遥遥领先。

他们还发明了糖的炼制、揉制和糖浆制作技艺。（阿拉伯语的sharab指的就是糖与水的混合。）

中世纪时，阿拉伯人已经掌握了甘蔗的种植方法，我们却只满足于食用蜂蜜。

糖与健康

甜食的食谱最早见于医药书籍。第一类是植物、动物或矿物来源的单方药典，第二类是组合变化的复方药典。从后一种药书中可以发现甜食（confi series）与果酱（confi tures）的相关记载，起初这两者还较难区分。

可以确定的是，甜食在东方变身为美食。从 18 世纪开始，巴格达的领袖就非常重视治疗术，他们革新完善了希腊的医疗方法，把药学从医学中分离出来，建立独立学科。他们在希腊人的药方中又增加了一系列烹饪成分，于是药物治疗摇身一变进入美食烹饪，既能治疗缓解病痛，也能满足美食家的味蕾。

中世纪的甜食

中世纪通常强调顺应“当下”（statu quo），对于果蔬的栽培和改良，或是技术和经验而言，确实有必要了解现状，不过更重要的还是师法先人。

在甜食方面，当时人们的灵感都来源于古人。古希腊名医盖伦（Galien）和希波克拉底（Hippocrate）都曾开过药方，用蜂蜜对水

模糊的界限

医疗和烹饪的边界始终比较模糊。大家在治疗某些疾病时不是也会服用糖浆、糖片、糖衣果仁、软糖或果酱吗？

家用香料

中世纪时，人们在餐后以香料（也包括甜食）来帮助消化。有一种配方有提神功效：将茴香、姜、肉桂、丁香等煮沸几分钟，再淋上红糖汤水。水分被吸收变干后放在蜂蜜中煮沸。当蜂蜜开始凝固时，取出香料，然后加以冷却。

果进行糖渍，以治疗胃痛和呼吸道感染。病人在康复期会服用甜食；用餐结束也会供应甜品，从而帮助消化，改善不良情绪，还可利尿。同样地，中世纪时，人们也会在用餐最后上甜品或果酱。后来不少健康人士也开始享用甜食，但当时甜食依然没有完全脱离医疗范畴。

此外，甜食始终由食品杂货商和药剂师独家制作。它日益受到推崇，备受达官贵族青睐，成为节日飨宴中不可或缺的美食。随着甘蔗生产中心的增加，制糖业不断发展，为甜食的丰富提供了有力支持。

中世纪时，甜食逐渐开始普及，但当时的甜食和现代糖果相比还有很大差距。

甜食自成一家

15世纪末或16世纪初，一部佚名的《勒芒集》（*Le Cogner du Mans*）掀开了糖业历史的新篇章。这是一本食谱集，可能由多位作者联合编撰，他们也许都是业余爱好者或专业医疗人士。书中包含大量甜食制作工艺的介绍，同时还提倡以糖替代蜂蜜，并强调糖的功能不限于医疗。而在中世纪末，西班牙也出版了第一部甜食专业书籍，《糖渍工艺》（*Libre de totes maneres de confits*），专门介绍了甜食的烹饪和医疗方面的内容。其中，甜食被明确赋予美食属性，独立登上了舞台。人们终于可以光明正大地饱尝甜食，再也不必假医疗之名了。

16世纪还出现了大量关于甜食的论著，包括诺斯特拉达姆斯（Nostradamus）

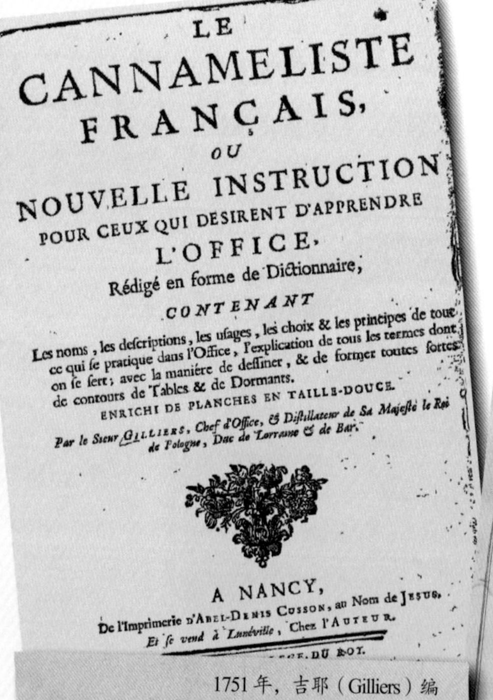

LE
CANNAMELISTE
FRANÇAIS,
OU
NOUVELLE INSTRUCTION
POUR CEUX QUI DESIRENT D'APPRENDRE
L'OFFICE,
Rédigé en forme de Dictionnaire,
CONTENANT
Les noms, les descriptions, les usages, les choix & les principes de tout ce qui se pratique dans l'Office, l'explication de tous les termes dont on se sert; avec la manière de dessiner, & de former toutes sortes de contours de Tables & de Dormants.
ENRICHI DE PLANCHES EN TAILLE-DOUCE.
Par le Sieur GILLIERS, Chef d'Office, & Distillateur de Sa Majesté le Roi de Pologne, Duc de Lorraine & de Bar.

A NANCY,
De l'Imprimerie d'ABEL-DENIS CUSSON, au Nom de JESUS.
Et se vend à Lunéville, Chez l'AUTEUR.

1751年，吉耶（Gilliers）编撰了甜食专业指南《法国制糖人》（*Le cannaméliste français*），其中囊括了制糖工艺和相关产品的介绍。标题中的cannaméliste得名于甘蔗的别名cannamelle，或称蜜甘蔗，cannaméliste就是指制糖人。

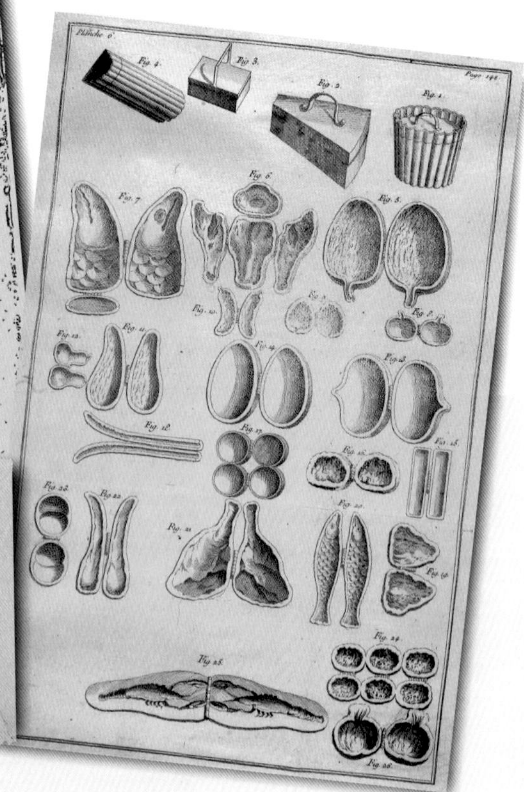

著名的《实用宝典》(*Excellent et moult utile opuscule à tous nécessaire*，1555)、拉瓦雷讷(Sieur de la Varenne)的《法国果酱师》(*Le Confiturier français*，1653)，以及《完美果酱制作全书——各类果酱、美味饮品及精致小食全攻略》(*Le parfaict confiturier*

诱惑难当

添加蜂蜜的甜食属于广义的香料。可以用来招待客人，向女士献殷勤，也可以馈赠嘉宾。路易九世为了整顿法官收取香料作为诉讼报酬的乱象(当时照道理应免收诉讼费)，规定每周送礼香料价值不能超过10苏。

NOUVELLE
INSTRUCTION
POUR
LES CONFITURES,
LES LIQUEURS,
ET LES FRUITS:
AVEC LA MANIERE DE BIEN
ordonner un Deſſert, & tout le reſte qui
eſt du Devoir des Maîtres d'Hôtels, Sommeliers Confiſeurs, & autres Officiers de
bouche.

Suite du Cuiſinier Roïal & Bourgeois.

Egalement utile dans les familles, pour ſçavoir
ce qu'on ſert de plus à la mode dans les
Repas, & en d'autres occaſions.

A PARIS,
Chez CHARLES DE SERCY, au Palais, au ſixiéme
Pilier de la Grand' Salle, vis-à-vis la Montée de la
Cour des Aides, à la Bonne-Foi couronnée.

M. DC. XCII.
AVEC PRIVILEGE DU ROY.

丁香属于典型的先入药、后制糖的植物。

qui enseigne à bien faire toutes de confitures tant seiches que liquides, de compostes, de fruicts, de sallades, de dragée, breuvages delicieux et autres delicatesses de la bousche, 1667）。

在《完美果酱制作全书》中，糖与蜂蜜处于同等地位，某些食谱指出可在两者中择一添加。

植物在古代医药中占有重要地位。此书中沿袭了这一传统，认为植物比动物、化学或矿物来源的物质更胜一筹，书中共列举了144种植物。有几种植物出现频率较高，包括玫瑰60次、丁香56次、肉桂35次、姜34次。

王后的创新

意大利美第奇家族的凯瑟琳带来了令人称道的烹饪革新。她嫁到法国皇室后，大力推崇运用意大利美食中的蔬果和甜品。值得一提的是，意大利的果酱师和冰激凌手艺人也随行来法。其中一位名叫弗洛伦汀·乔瓦尼·帕斯蒂拉（Florentin Giovanni Pastilla），正是他让人们品尝到了著名的糖片。

凯瑟琳王后让我们知道了豌豆和四季豆，但更值得赞赏的还是她带来的糖片。衷心感谢凯瑟琳王后！

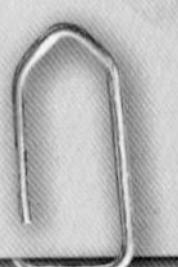

蜂蜜的历史

信任契约

亿万年前，地球上出现了开花植物，对自然界产生了巨大的影响。这种新植物的特点是性别复杂，有的生殖器官着生于同一朵花里，有的则分别着生于不同的花里，所以某些植物中有雄性花和雌性花之分。而且它们的授粉也错综复杂，在一定程度上具有授粉不亲和性。雄蕊的花粉要“长途跋涉”才能使雌蕊授粉。花朵盛放固然很美，但开花植物必须借助于各种方法才能确保授粉成功。

最有名的方法就是虫媒传粉。要吸引这些授粉好帮

蜜蜂与花卉缔结了长期契约，人们同样遵守这一约定，由此收获蜂蜜。

手就必须使出浑身解数。鲜艳的花朵就如同炫目的广告招牌，而丰沛甘甜的花蜜则是对它们的奖赏。就这样，这些陶醉于花蜜、沾满花粉的昆虫便在花朵的传粉中扮演了至关重要的角色。你为我传播花粉，我报之以蜜糖，第一个默认交易契约就此达成，并长期生效。

开花植物的出现

大家都播种过植物，但或许并不会留意番茄和冷杉特别容易存活，也不会思考蕨类和苔藓植物是如何繁殖的。其实植物分为两大类，有些是无种子植物，有些则是种子植物。

种子植物又包括裸子植物和被子植物。我们最熟悉的典型裸子植物是森林中的松树；而被子植物集合了大量开花植物，又繁殖出其他植物，是数量最多的种类。在 2 亿—2.45 亿年前，开花植物的祖先与裸子植物分离，再经过一段时间，在约 1.4 亿年前出现了最早的开花植物。1 亿年前，开花植物数量剧增，在 6000 万—1 亿年前获得了支配地位。

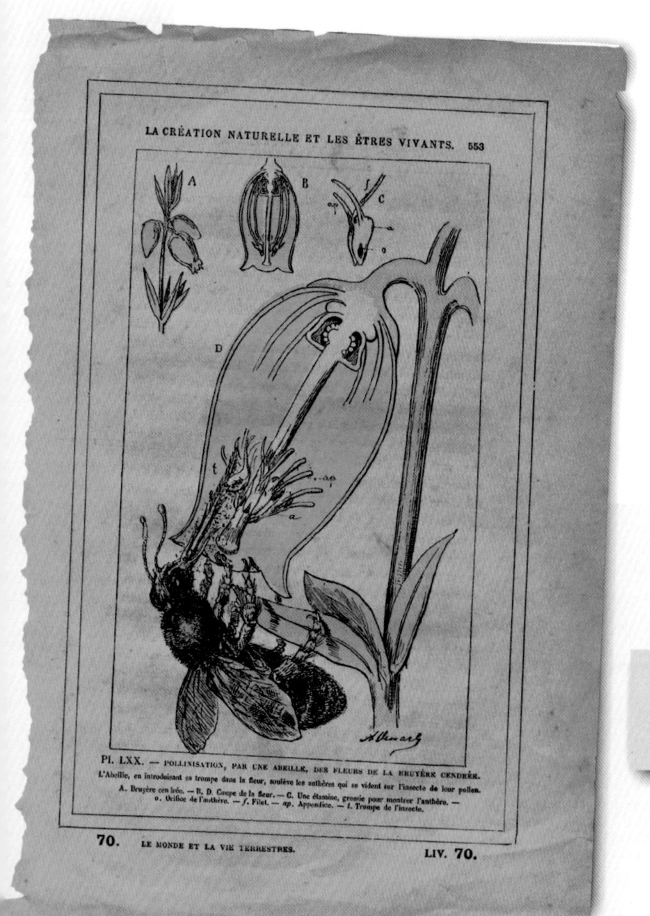

LA CRÉATION NATURELLE ET LES ÊTRES VIVANTS. 553

Pl. LXX. — POLLINISATION, PAR UNE ABEILLE, DES FLEURS DE LA BRUYÈRE CENDRÉE.
L'Abeille, en introduisant sa trompe dans la fleur, soulève les anthères qui se vident sur l'insecte de leur pollen.
A. Bruyère cendrée. — B, D. Coupe de la fleur. — C. Une étamine, grossie pour montrer l'anthère. — o. Orifice de l'anthère. — f. Filet. — ap. Appendice. — t. Trompe de l'insecte.

70. LE MONDE ET LA VIE TERRESTRES. LIV. 70.

花粉与蜂蜜中蕴含着植物性别的奥秘。

几乎所有裸子植物和一切被子植物，或称高等植物，都已放弃以水为媒介进行授精（仅仅一滴水即可传粉）。前者多借助风媒传粉，后者则主要依靠虫媒传粉。由此蜜蜂有了它的一席之地。

蜜蜂的出现

鉴于蜜蜂的重要作用，可以推测它与开花植物或许是同时代出现的，但这并没有定论。地球上很多地方发现了蜜蜂化石，它们保存于琥珀中，很容易推断年代。这表明6500万年前已存在蜜蜂。当时蜜蜂还是独居昆虫，2000万年前才成为群居昆虫。

蜂蜜简史

蜜蜂虽然能产蜜，但它生产的蜜长期被人类占有。最早的证明

蜜蜂和花卉的错误命名

根据瑞典著名生物分类学家卡尔·冯·林奈（Karl von Linné）的植物命名法，蜜蜂在1758年得到学名*Apis mellifera*，从字面看就是“运送蜂蜜”的意思。但这其实是错误的，蜜蜂并非运送蜂蜜，而是酿制蜂蜜者。三年后，林奈更正了分类，并将蜜蜂重新命名为*Apis mellifeca*。然而命名法相当严谨，必须以早先的名字为准。因此蜜蜂的学名依然延续了之前的版本。另一方面，我们习惯于称那些花蜜丰富、能吸引蜜蜂的植物为“产蜜植物”，其实它们所具有的仅仅是花蜜，而不是蜂蜜！

EL MIEL — LE MIEL — THE HONEY

酿蜜需要大量花朵，生产500克蜂蜜需要5倍多的花蜜，相当于采集900万朵花。

在花园中吸引蜜蜂

爱蜜之人应当种植一些产蜜植物，这是酿蜜和制糖的第一要务，因为吸引昆虫来采蜜是收获蜂蜜的保障。生态的循环保护就可从花园中起步。

在花园或菜园可以播种的植物包括金盏花、蜀葵、木樨草、金鱼草、向日葵、蓝翅草、风铃草、紫菀、勿忘草等，还可以种植麝香兰或风信子。在芳香园圃中可以种植：鼠尾草、琉璃苣、香薄荷、薄荷、墨角兰、百里香、牛至、迷迭香、神香草、薰衣草、有喙欧芹等。也可以支起藤架种植紫藤、忍冬、铁线莲，还有常春藤。

还可以播种野生品种，它们也会自我繁殖，包括蒲公英、虞美人、蓍草、红菽草、芥菜、聚合草、旋果蚊草子、报春花、柳叶菜、矢车菊等。

也可以种植大乔木，包括桦树、南欧紫荆、椴树、七叶树、刺槐、柳树，当然还有各种果树。还能栽种灌木，如女贞、榛子、小檗、西洋接骨木、栒子、醉鱼草、欧丁香、杜鹃花、日本木瓜、欧洲冬青、山梅花、荚蒾等。

可以上溯到大约公元前 1 万年之前，出现在西班牙瓦伦西亚附近的岩洞壁画中。画中一个男人爬到三棵藤本植物上采集蜂蜜，周围有蜜蜂飞舞。埃及人的很多浮雕和莎草纸记录内容也能证明他们曾使用蜂蜜。

可以看到埃及人在食品中使用蜂蜜，不仅为了增加甜味，也为了保存食物；蜂蜜还能用于医疗，可以治疗皮肤创伤，促进皮肤愈合；除此以外，还能作为尸体防腐剂或充当祭品。埃及人也使用蜂蜡，知道如何调制蜂蜜酒。

他们还推行养蜂术，把蜜蜂引到陶罐中，然后打碎罐子采集蜂蜜。陶罐之外，还有些简易蜂箱是用柳条编的，外面覆上黏土。古希

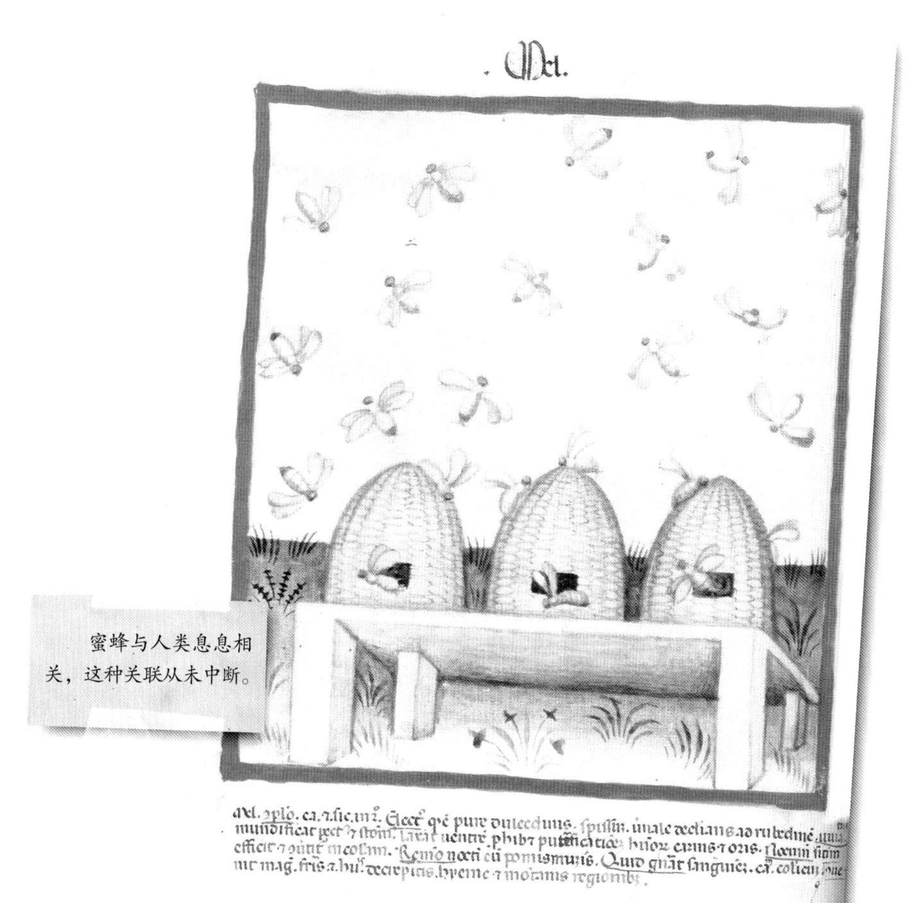

蜜蜂与人类息息相关，这种关联从未中断。

有惊无险毒蜂蜜！

色诺芬（Xénophon，公元前430—前355）曾在古籍中记载，一批希腊士兵在今天的安纳托利亚地区作战时因食用蜂蜜蛋糕而发生呕吐、腹泻、头晕、乏力等症状。有人刚尝了几口就变得狂躁或憔悴。第二天，中毒者醒来后十分虚弱，但这并未致死。人们怀疑做蛋糕用的蜂蜜是由蜜蜂采集自有毒植物的花蜜，如杜鹃、大戟、桂樱、颠茄等。如今人们认为杜鹃花疑似罪魁祸首，彭土杜鹃（Rhoddendron ponticum）就有轻泻和致幻的特性。

腊、古罗马人非常重视蜂蜜。古希腊名医希波克拉底曾开出药方，用蜂蜜治疗高烧、创伤、伤口化脓和溃疡。迪奥斯科里德（Dioscoride）留下了名作《药物论》（*De Materia Medica*），直到中世纪末都是重要的医学参考。据书中记载，以蜂蜜入药可治疗胃病、咳嗽、伤口化脓和创伤。这部著作还详细说明了蜂箱的制作方法，蜂箱（ruche）一词来自于高卢语 rusca，是树皮的意思，当时树皮的确是制作蜂箱的材料。

自古以来，蜂蜜始终保持着举足轻重的地位，但直至中世纪末，养蜂技术的发展都十分缓慢。1600 年，奥利维耶·德·赛尔

数学家眼中的蜂蜜

关于蜜蜂世界及蜂蜜生产知识发展的记录者，除了自然科学家，竟然还有数学家。其中就包括瑞尼·列奥米尔（René-François Frechault de Réaumur，1683—1757），他最著名的成就是提出了列氏温标，这里不做详述。

而他还有一项成就便是发表了 12 卷昆虫论文，并最终修订了其中 6 册。在第 5 册《苍蝇史，了解苍蝇、蝉和蜜蜂》（*Suite et histoire de plusieurs Mouches à quatre ailes*，*Savoir des Mouches à Soies*，*des Cigales et des Abeilles*）中就提到了蜜蜂。列奥米尔还描述了如何从蜂箱中收获蜂蜜。

列奥米尔提出了列氏温标，却忽略了糖在烧煮过程中，温度相差几度结果就会截然不同。不过这里就不必展开讨论这些问题了。

（Olivier de Serres）出版了著名的《园景论》（*Le Théâtre d'agriculture et mesnage des champs*），详细地说明了当时的农业技术，从中可以得知养蜂术发展并不顺利。直到 18 世纪，才迎来了养蜂业的巨大进步。

蜂蜜的用途

蜂蜜早期同时应用于医疗和烹饪。而在此之前，它还被用于丧葬和宗教仪式。其防腐特性非常突出，因而被视为人与神之间的纽带。这种特性很快便被用于储存食物和药物，成为糖业的起源。数世纪以来，蜂蜜发挥着重要的影响力，直到蔗糖投入工业化生产。

蜂蜜不仅十分美味，还能滋润支气管和咽喉。

蜜蜂如何采蜜？

蜜蜂通过口器采集花蜜。它用舌部接触花蜜，将其放到嗉囊中，这是消化道中的一个混合分泌物与花蜜的小袋子。

通过酶的作用，花蜜中的蔗糖转化为葡萄糖和果糖。由此酿成了蜂蜜，然后蜂蜜被带回蜂房，群蜂扇动翅膀，使空气畅通，从而使湿度保持在14%—20%。这样做成的蜂蜜就可以品尝了。

每颗糖果的背后都凝结着蜜蜂耐心的劳作。

甘蔗的历史

19 世纪时，首次出现有关甘蔗的植物学研究，研究内容包括其地理起源、驯化和栽培等情况。当时的植物学家和科学家有很大的意见分歧。有的认为甘蔗的栽培最早始于南圻（Cochinchine）[南圻，法国殖民地时代该地称为“交趾支那”（Cochinchine），法属时期越南的三大地域之一。——译注]，而有的认为是在印度，更确切地说是在孟加拉。也有的认为是在印尼巽他群岛（la Sonde）或马鲁古群岛（Molluques）。还有人认为甘蔗原产于南太平洋地区。从现在的研究来看，最后一种说法是正确的，甘蔗的栽培品种诞生于新几内亚，当地还有其他自生的甘蔗品种。

不过，无论植物学家如何各执一词，有一点是公认的：甘蔗的栽培经历了由东向西的迁移。

如同许多人类可利用的植物，植物的迁移见证了多种文化的变迁，历经数个世纪，走过了截然不同的阶段。

甘蔗外观平平无奇，内在却甘甜无比，甜菜亦是如此。

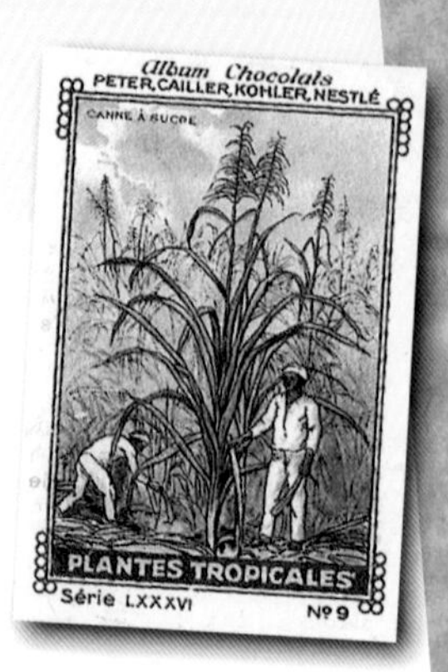

蔗糖的得名

蔗糖就好像在种植甘蔗的路边撒下的小石子，它的名字也反映了其发展轨迹。梵语中 sakara 是沙子、沙砾的意思，比喻糖的结晶体形态，后来转变成 sakara，希腊语中的 sakkaron 和拉丁语的 saccharum 都来源于此。在这两个词之前还有阿拉伯语的 al-sukkar。这也是现在“糖”各种叫法的由来，包括英语的 sugar、西班牙语的 azúcar、德语的 Zucker、法语的 sucre 以及意大利语的 zucchero。

古代甘蔗

希腊的许多拉丁作者都认为存在天然蔗糖，他们认为那是“芦苇蜜”（miel de roseau），或是芦苇提炼的糖，甚至由于甘蔗中的结晶物质类似于盐，故认为这是一种特殊的“盐”（sel）（古人曾误将印度一带发现的甘蔗当作无需蜜蜂也能产蜜的芦苇，因蔗糖的结晶形态和盐相似，也有人称蔗糖为“印度盐”。—译注）。

古希腊药理学家迪奥斯科里德曾表示，在印度和阿拉伯“幸福之地”（即阿拉伯南部，今也门）有一种芦苇能提炼“蔗糖”。迪奥斯科里德原文中还指出，蔗糖“凝结方式”与盐相同，质地比盐更松散。古希腊药理学家盖伦（Galien）也有过类似的表述。另一位古希腊药理学家普林尼（Pline）表示，蔗糖是从芦苇中提炼的，他还明确表示印度产地优于阿拉伯，而且蔗糖仅供药用。

甘蔗在古代很受重视。

可以说蔗糖在古代已经为人所知，但中东人只满足于咀嚼甘蔗，并不了解蔗糖提炼结晶的加工工艺。只有印度和中国人掌握了这项技术。

阿拉伯时期

阿拉伯人充当了很多科学技术在中东和西方之间的传递者。西方由此了解了甘蔗这种作物。人们还发现在 1 世纪时已存在甘蔗汁贸易，但经过了一段时间甘蔗培植才传入西方。甘蔗的发展与炼糖技术的进步直接相关，而这项技术直到 7 世纪时才由印度人掌握。人们发现 5 世纪时萨桑王朝（今伊朗）就出现了甘蔗种植。7 世纪至 10 世纪之间，精炼技术的进步加速了甘蔗的种植，并随着穆斯林征服（conquêtes musulmanes）而不断推进。甘蔗先是在 7 世纪末 8 世纪初来到叙利亚和埃及，然后来到地中海的岛屿，主要是克里特和塞浦路斯，最后是北非，特别是摩洛哥的西南部，随后继续北进到伊比利亚半岛和西西里岛，后来西西里岛以出产糖而闻名。

蔗糖来到法国

很难确定精炼糖是何时来到法国的，但 14 世纪富人家庭账簿开支中已出现了蔗糖的踪迹。1333 年安倍尔（Humbert）家的账目中，它被称为白糖。同时它也出现在 1353 年约翰王（roi Jean）的药方，以及尤斯塔奇·德尚（Eustache Deschamps）的诗作中。当时，蔗糖被视作家庭的重要开销。

蔗糖最早是做药用的，纯蔗糖柠檬水的广告可以证明这个观点根深蒂固。

甘蔗推动了安的列斯群岛的发展，但同时也带来了巨大不幸。

地中海沿岸的甘蔗种植一直到中世纪末都很兴盛，直到遭遇大西洋和加勒比群岛的竞争而走向衰落。甘蔗历史的新篇章转而由西班牙人书写。

西班牙时期

14 世纪末，塞浦路斯王国和马木留克王朝（一个统治叙利亚和埃及的政治实体）都是甘蔗的主要生产国。但马木留克王朝政治经济局势非常不稳定，这对西西里、格拉纳达、安达卢西亚、瓦伦西亚等其他产地十分有利。甘蔗的生产和贸易随后迁移到了地中海西部。在这些甘蔗生产大国之后，地中海沿岸南法地区也开始种植这种高利润的作物，在普罗旺斯就能发现这一趋势。

1420 年，葡萄牙航海家亨利王子（Henry）将甘蔗种植到了新发现并征服的马德拉岛（Madère，位于非洲西海岸，北大西洋上。——译注）。来自叙利亚的甘蔗非常适应马德拉的气候，甚至

棕榈糖

有些棕榈树，如糖棕（*Borassus flabellifer*）能产出甜味汁液，但它不同于 17 世纪荷兰人销售的所谓糖棕。自从葡萄牙人占领印度后，他们开始出售一种用棕榈制作的糖块，棕榈糖由此得名。1660 年左右，英国人夺取这一贸易，成为法国以北唯一的棕榈糖供应国。

远胜岛上原来的植物。甘蔗种植后又扩展到了北大西洋中的亚速尔群岛（Açores），并继续向南延伸到加那利群岛（Canaries，摩洛哥西南方大西洋上的群岛。——译注）。17世纪时，加那利群岛的重要性超越了罗得岛、塞浦路斯、克里特岛、亚历山大港和西班牙。但新大陆的发现标志着甘蔗历史的另一个重要阶段，甘蔗由加那利群岛来到了加勒比海地区的圣多明戈（Saint-Domingue）。

甘蔗在南美和安的列斯群岛

甘蔗之后又穿越大西洋来到美洲，并繁荣了当地经济。西方征服者本希望在新大陆寻找黄金，但最终靠甘蔗这种平凡的作物给当地带来了财富。哥伦布在第二次航行时将来自加那利群岛的甘蔗引种到了加勒比海中的伊斯帕尼奥拉岛（Hispaniola），也就是圣多明戈。遗憾的是，甘蔗的种植同时也引发了大量非洲黑奴交易，而这些所造成的死亡人数甚至超过了当地因传染病、过劳和酗酒而死亡的人口数量。从马德拉岛开始，葡萄牙人带来了他们的技术，到1630年，西班牙和葡萄牙两国占据着蔗糖生产贸易的霸主地位。后来，英法两国取而代之，在加勒比海的安的列斯群岛发展起蔗糖产业。甘蔗种植也开始取代烟草——17世纪初，法国新殖民地的烟草种植已经走向没落。仅仅30年左右，“产糖大岛”上种植园、制糖厂林

“产糖大岛”和延续了几个世纪的制糖产业。

传统制糖工艺

1654年荷兰人将传统制糖工艺从巴西引进到安的列斯群岛，植物学家拉巴神父（père Jean-Baptiste Labat）对其进行了研究描述，这一工艺将甘蔗最终转变为结晶糖。原料要经过六个直径为一米的罐子，每个均代表一个制作流程。先是在大锅中提汁，然后到澄清罐中进行清净处理，再在蒸发罐中首次浓缩，倒入糖浆炉中形成糖浆状态，随后在煮糖罐中完成最后的烧煮。之后，人们将液态糖倒入木制罐中冷却结晶。最后冷却的糖在有孔的容器中放置4周，剩余的糖浆可以沥出用于酿制朗姆酒。

立，而作为宗主国的法国，在南特、波尔多、马赛、鲁昂和拉罗歇尔等地也增加了很多精炼厂。蔗糖广泛发展，成为当时欧洲经济、政治的命脉，堪比石油在20世纪全球范围内所扮演的角色。在此背景下，拿破仑启动的“大陆封锁”政策（le blocus continental，是拿破仑1806年启动的对英国的经济封锁政策，蔗糖因此无法由英国运往法国。——译注）标志着甘蔗的最后一次大革命，其地位开始遭到甜菜的撼动。

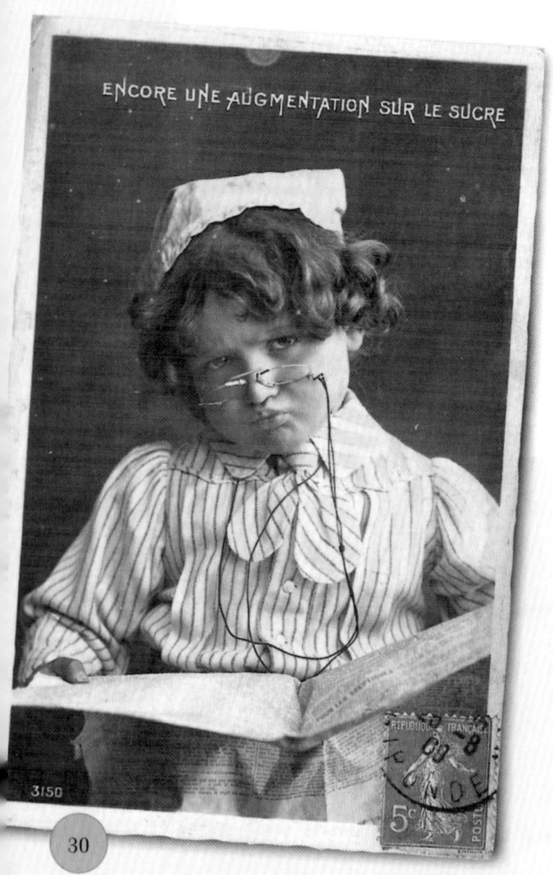

自从蔗糖大范围生产以来，它就成为各种投机交易的对象。

甜菜的起源

甜菜，学名 *Beta vulgaris*，原产地在美索不达米亚，当地人采摘利用其根部。古希腊医学家希波克拉底、迪奥斯科里德、盖伦都证实过甜菜根自古就可入药。后来，人们种植甜菜以食其叶子，就类似于今天的菠菜。随后，甜菜取道高加索，被带入欧洲。12 世纪末，游牧民族哈扎尔人（Khazars）将其带到了波兰。甜菜在那里持续生长，后从中欧的西里西亚（Silésie）开启了现代旅程，但进展并没有那么迅速。从 16 世纪开始，甜菜作为饲草在欧洲普及。它主要用作牲畜的饲料，但其中仅包含 6% 到 12% 的蔗糖。1590 年，沿海甜菜（Beta maritime）的风味才开始在地中海地区为人所知。

18 世纪，瑞典著名生物分类学家林奈区分了四种甜菜：普通甜菜、岔根

甜菜使糖得以普及。

名字来自希腊语词源？

甜菜（法语 betterave）的名字来自希腊语 bête，因此有了相似的拉丁语名字 beta。还有人认为其词源是克尔特语 bett，意为红色。

甜菜、沿海甜菜和叶用甜菜。甜菜还有五种变种：红甜菜、大甜菜、根甜菜、黄甜菜和浅绿甜菜，每种都能产出比例不一的结晶糖。

在甜菜中发现糖

奥利维耶·德·赛尔在《园景论》一书中提出他曾通过煮沸甜菜制成一种糖浆，类似于甘蔗的糖浆。

然而，直到德国人开始重视，制糖业才真正迎来了它的飞速发展。1747 年，德国化学家马格拉夫（Andreas Sigismund Marggraf）在

甜菜的“折回”

历史上的蔬菜品种大部分是野生品种进化为栽培品种。

而野生甜菜的例子却很有趣，它是一种野草，可能是从罗马人的叶用栽种甜菜退化而来的。从栽种植物转变为野生植物的品种称为“野生品种”（espèce férale）。

不同植物中提取蔗糖，其中就包括甜菜。他指出甜菜的结晶糖和甘蔗是一样的。1786 年，他的学生夏尔·弗朗索瓦·阿夏尔（Charles-François Achard）在柏林开展了一次田野调查。1796 年，普鲁士国王腓特烈·威廉二世（Frédéric-Guillaume Ⅱ）令其负责首家甜菜制糖厂在西里西亚的 Kürnen-sur-Oder 落地。这家制糖厂运用马格拉夫的工艺，每天能处理 70 公斤甜菜。

1798 年，阿夏尔推出了精炼糖，一年后报告了法兰西学院。在普鲁士国王腓特烈·威廉二世的推动下，首家制糖厂于 1802 年在西里西亚建成。阿夏尔对合适的甜菜品种进行了挑选，最后选中了西里西亚白甜菜，这是甜菜最早的变种，现在还能看到这一品种。

法国的糖块

在法国，1775 年，菲利普 - 维克托瓦尔·德·维尔莫兰（Philippe-Victoire de Vilmorin）从普鲁士引入了甜菜。德国甜菜制糖的发展得到了延续，但真正推动甜菜制糖的还是大写的“历史”。

1806 年，拿破仑颁布“大陆封

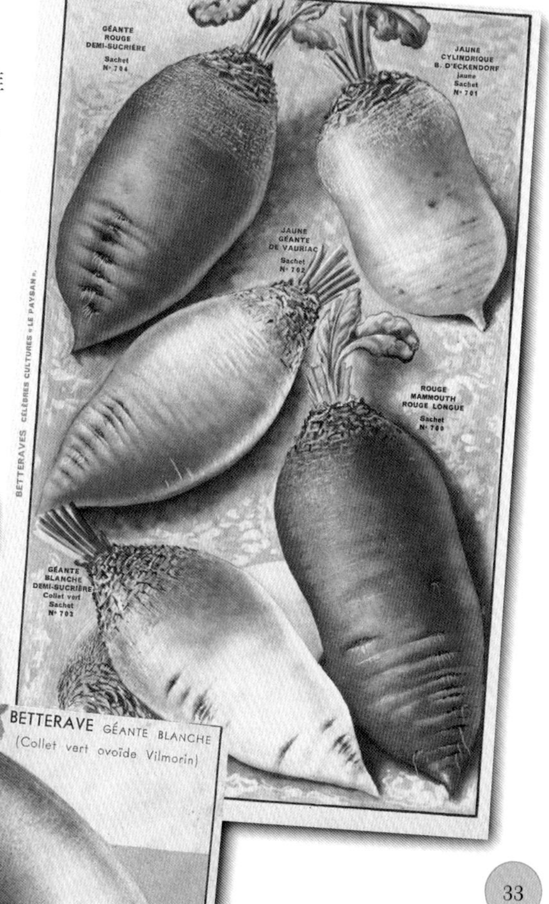

西里西亚白甜菜，或称普鲁士白甜菜，是饲用甜菜的一个变种，为多年生植物，叶小，根呈圆锥形，根茎略超出土面，这是最早的甜菜变种，是其他变种产生的起点。

锁”政策，以对抗英国在法国港口的经济封锁。这项政策禁止一切英国商品进入法国，包括来自英国殖民地的食品，比如产自安的列斯群岛的蔗糖。因此，蔗糖从法国商店里销声匿迹。

于是法国农学家帕门蒂埃（Parmentier）建议用葡萄糖代替蔗糖，但产量却无法跟上。拿破仑则倾向于使用德国人的制糖工艺。他下令大范围种植甜菜，种植面积超过32000公顷。他于1812年1月12日又出台了一条法令，颁发500个开发许可，年产粗糖10吨以上的厂商可免税。

这项政策是在里昂植物学家、金融家本杰明·德莱塞尔（Benjamin Delessert）启发下产生的——1810年，德莱塞尔给了拿破仑两块优质结晶糖。1812年他又改进了工艺，使人们得以大量提取甜菜蔗糖。拿破仑参观了德莱塞尔在巴黎帕西的制糖厂之后，决定向他授予荣誉勋章。

1814年，拿破仑帝国衰亡，第二年，安的列斯群岛的蔗糖再度

孩子们，拿破仑的封锁政策可是件大事啊！

无害的甜菜

（图上的交通标志注明“由于装运甜菜，地面暂时湿滑。——译注）不是啊，甜菜并不算特别滑，我在学习交通法规时看到这个路牌总会这么想。还是拖拉机甩在路上的泥泞更危险。

回归。市场失序之下，大部分制糖厂因此关停。同时税制因素也夹杂其中，给制糖业带来冲击，1837 年，法国先是征收每公担（相当于 100 公斤。——译注）甜菜 10 法郎的税收，1839 年又对殖民地产糖实行了减税。法国许多省因此停止种植甜菜，许多工厂只得停业。

甜菜归来

但在法国本土，人们始终选择坚持。1856 年，路易·德·维尔莫兰（Louis de Vilmorin）为法国科学院阐述了他的遗传学试验。早在孟德尔的遗传学理论之前，维尔莫兰就提出单株糖用甜菜的优势必须通过种植并考察其后代表现才能作为评价这个基本原则。因此他获得了一些蔗糖含量在 15%—18% 的甜菜。这项工程至关重要，尤其是当 1848 年奴隶制废除法案颁布时，蔗糖价格上涨，甜菜蔗糖的利润也相应提高。当时不少大型生产单位卷土重来。1870 年，法国生产了 30 万吨糖用甜菜，成为欧洲最大的蔗糖供应国。1890 年，全球消耗的 3/5 的蔗糖都来自于甜菜。

甜菜再度衰落

然而，甜菜的发展历史终究起伏不定。1902 年，它在美国的生

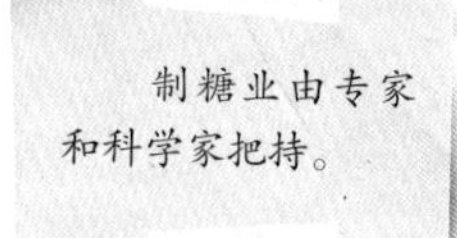
制糖业由专家和科学家把持。

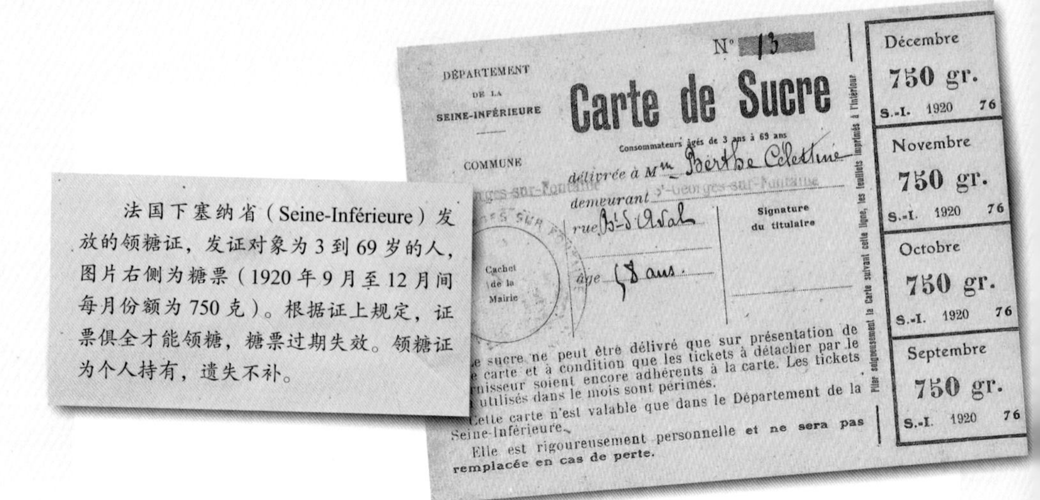
DÉPARTEMENT
DE LA
SEINE-INFÉRIEURE

COMMUNE

N° 13

Carte de Sucre

Consommateurs âgés de 3 ans à 69 ans

délivrée à Mme Berthe Célestine

demeurant

rue

âge 68 ans.

Cachet de la Mairie

Signature du titulaire

...e sucre ne peut être délivré que sur présentation de ...e carte et à condition que les tickets à détacher par le ...nisseur soient encore adhérents à la carte. Les tickets ...utilisés dans le mois sont périmés.

Cette carte n'est valable que dans le Département de la Seine-Inférieure.

Elle est rigoureusement personnelle et ne sera pas remplacée en cas de perte.

Décembre 750 gr. S.-I. 1920 76
Novembre 750 gr. S.-I. 1920 76
Octobre 750 gr. S.-I. 1920 76
Septembre 750 gr. S.-I. 1920 76

法国下塞纳省（Seine-Inférieure）发放的领糖证，发证对象为3到69岁的人，图片右侧为糖票（1920年9月至12月间每月份额为750克）。根据证上规定，证票俱全才能领糖，糖票过期失效。领糖证为个人持有，遗失不补。

产受到“美国缩叶病”病毒的威胁，必须重新筛选品种以获得抗病毒的亲本。

在欧洲，特别是在法国，“一战”战区就集中在制糖厂区域，甜菜种植受到殃及，没有一家制糖厂能免受战火重创。在此期间，糖只能定量供应，战后重建也非常缓慢。

“一战”过后，制糖厂全部毁灭，一家都不剩，堪称巨大的灾难！

现代糖果面面观

微妙的熬糖“炼金术”

传统和现代糖果的制作很大程度上取决于糖的运用。利用糖这种不可或缺的原料可以做出我们熟悉的各种糖果。而至关重要的第一步则在于熬煮。看似无关紧要的温度高低会带来截然不同的质地和特性。我们都看到过在煮糖的时候，结晶体熔化成液态，然后在锅中慢慢变为焦糖；仅仅温度不同还不足以解释各种制作结果的差异；黏度、水分蒸发处理、制作技巧还有糖的选择都是需要掌握的参数。过去，人们用直火熬糖，把一口铜锅放在火上直接烧煮。所以一说到糖果总会让人联想到这个画面。

现在，工业制糖采用低温慢煮的工艺。以前的糖果师除了靠观察之外，只能定时试吃来了解糖的烧煮程度，这样相当于把唾液也煮进了糖里！此后，随着现代工业化不断发展，工人们早已经可以精确地区分不同温度下糖的状态。

把糖放在锅里，加热到100℃，它就变成了黏稠、半透明的糖浆，称为平面形态（petit filet

所谓“甘之如饴”
在这幅画中一览无余。

或 nappé）。温度仅升高 2℃，达到 102℃，就形成线状形态（filet）。伸入木勺舀起，糖浆呈线状落下，可用于制作杏仁软糖等。109—116℃之间，糖浆成为小球形态（petit boulé），稠度相当于软胶糖，表面有小气泡。这个阶段的糖浆可用于制作果酱和翻糖。温度升到 120—126℃就是大球状态（grand boulé）。这个状态下糖浆倒入冷水中不会稀释，易于做成球状，可以制作软焦糖、棉花糖或白牛轧糖。145—150℃时，糖浆变硬变脆，形成硬脆形态（cassé），可用于制作水果香糖、棒棒糖或糖片。继续升温至 151—170℃，糖浆变为棕色，成为焦糖形态（caramel），适用于夹心脆饼、糖衣坚果等的制作。

安妮·柯迪（Annie Cordy）有一首歌名为《糖果、焦糖、雪糕、巧克力！》（*Bonbons, caramels, esquimaux, chocolats!*），这是一首甜食的赞歌。

盘点现代糖果

或柔软或坚硬，或光滑或粗糙，或紧致或蓬松，或弹牙或酥脆：每种糖果都与众不同。现代糖果中含有糖和葡萄糖浆，还添加了特别的原料，所以后文我们会讲到糖果植物——当然原料不限于此。

棒棒糖（sucette）和**熟糖**（sucre cuit）中含有糖、葡萄糖浆和其他香料。从覆盆子、柠檬、甜橙或是可乐口味的棒棒糖，到薄荷或茴香口味的香糖，这种糖果耳熟能详，无须赘述。

焦糖（caramel），除了糖和葡萄糖浆，还包含少量油脂，特别添加了牛奶、奶油或黄油，我承认自己对咸味黄油焦糖情有独钟。

胶糖（boule de gomme）和**甘草糖**（réglisse）的基础原料还是糖和葡萄糖浆，但还添加了阿拉伯胶，以赋予其无与伦比的柔韧性。将混合物倒入淀粉中，然后裹上或光滑或有颗粒的结晶糖，形成一层薄糖衣。

埃菲尔铁塔“双头糖”的宣传单，鼓励大家用小糖棍搭各种东西：房屋、城堡、飞机、汽车等等，参加“糖棍建筑大赛”还能赢得轻型摩托、自行车、录音机、照相机、玩具等奖品。

倍乐果糖果广告。

软糖（gélifié）和松糖（pât aérée），无疑更受年轻人欢迎，岁数大一点的人怎么受得了大嚼特嚼呢？这类糖中包含葡萄糖浆、糖、明胶，有时还有果胶和淀粉，将这些原料混合在一起熬煮。小熊软糖、可乐软糖和糖衣果仁都是在模具中制作的。松糖也可以用模具制作，比如草莓、香蕉口味的松糖，还可以挤压成型，比如棉花糖。

口香糖（chewing-gum）很有意思，无论怎么嚼都不会消失。奥秘就在于植物天然乳胶。

糖衣果仁（dragée）历史悠久，包含有扁桃仁、榛子等果仁，有时也会加入巧克力。外面裹上坚硬光滑的糖衣，有时糖衣中也会添加香料。

果仁糖（praline）和前者比较接近，是在扁桃仁、腰果或花生外面裹上一层厚糖衣，最后一步烧煮采用了“喷砂”工艺，因此糖衣表面形态不规则。

历史上的甜食走过了漫长的道路才成为现代糖果。

牛轧糖（nougat）（这里说的是白牛轧糖）的原料包括蜂蜜、蔗糖、麦芽糖和葡萄糖浆，蛋白带来了轻盈感，其中的开心果、榛子、扁桃仁等果仁又增添了松脆感。

夹心糖（bonbon fourré）现在成了“限量珍藏版”。过去夹心糖一直处于传统糖果的边缘，五十多年前可以在面包糕点房中看到。坚硬的熟糖外壳，包裹着果香软糖心，糖纸是银闪闪或五颜六色的，颇有一种怀旧感。

糖片（pastille），或糖锭，通常为硬糖，形状是圆形、圆柱形或扁平状，也有特殊形状，比如著名的维希糖。糖片表面通常平滑光亮。

水果软糖（pâte de fruit）也必须提一下，它可能更接近传统糖果。十字军时代，西方出现了“干果酱”，这是水果软糖的前身。最初在果肉中加入糖和蜂蜜是为了保鲜物。

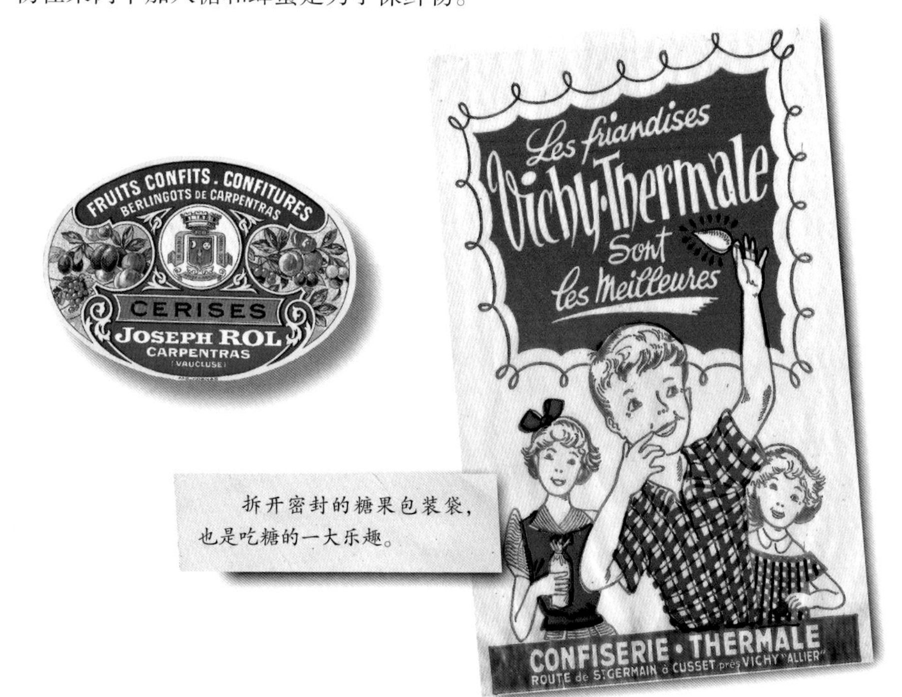

拆开密封的糖果包装袋，也是吃糖的一大乐趣。

糖果植物特写

分目录

阿拉伯胶树

Acacia sp. - 含羞草科

产胶之树

植物档案

小乔木，
数米高，
生复叶，
结大荚果，
生长于热带地区，
可做饲草，
也可采集树胶。

无香阿拉伯胶

树胶是植物分泌的物质，想必大家在果树树干上看到过。与树脂不同，树胶没有黏性。它无臭，味淡，不溶于酒精，但溶于水，较浓稠。树胶种类很多，用于糖果制作的是“阿拉伯树胶”。树胶来自于金合欢树属的树干渗出物，有 900 多种树能产树胶，这些树大多生长于热带。

阿拉伯半岛是树胶的传统产区，但塞内加尔地区后来居上。20 世纪初，人们对于“阿拉伯树胶”和“塞内加尔树胶”两者的区别存在较大争议，因为它们分别来自不同树种。但今天“阿拉伯胶”（gomme arabique）已成为一个统称，塞内加尔树胶指的是其中一个种类，同时阿拉伯胶还指代产自其他树种的树胶。

阿拉伯金合欢

学名：*Acacia nilotica*，异名：*A. Arabica, A. scorpioides*

阿拉伯胶树原产于埃及，最初为阿拉伯金合欢（*Acacia nilotica*）。这种树多刺，高达数米，生长缓慢，在湿润地区可长至20米，树冠茂盛。在西部主要分布于苏丹和塞内加尔，在东部则集中于阿拉伯半岛和印度。

其树叶为半常绿叶，是东非羊群的传统饲料。

这一树种被引种到澳大利亚后成为一种入侵植物。其树干笔直，树皮为深棕至黑色，开裂后多处渗出浅红色树胶。

阿拉伯胶过去是胶树生产国的重要财富。

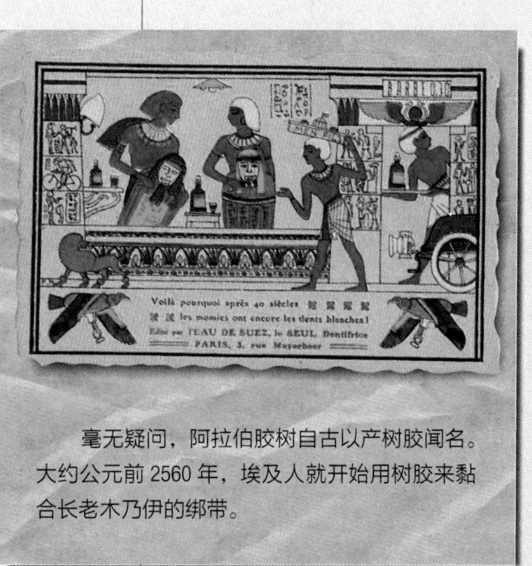

毫无疑问，阿拉伯胶树自古以产树胶闻名。大约公元前2560年，埃及人就开始用树胶来黏合长老木乃伊的绑带。

据公元前1550年的古埃及文献“埃伯斯纸草卷”（manuscrit d’Ebers）记载，阿拉伯胶可以和椰枣结合制作避孕工具。

阿拉伯胶制品

阿拉伯金合欢和许多非洲树种一样具有多种功能，可作为木材、饲料、助燃物等，尤其是能发挥医疗功能。树胶可用于生产胶水和染料的固定剂，以及织物浆料。在法国，阿拉伯胶也是甜食和医药的原料之一。

市售的阿拉伯胶制品形态不一。19世纪时，人们开始区分白树胶（也称图尔树胶）和红棕树胶（也称吉达树胶），它们分别得名于红海两大贸易港口图尔（Tor，今称El Tor）和吉达（Giddah，今称Djeddah）。如今，树胶的颜色和形态各不相同，有粉末状的，也有带细裂纹的结晶体。

出生于20世纪二三十年代的那一代人还记得一种小玻璃瓶，里面装着树胶，很像液态的蜂蜜。

阿拉伯胶树

学名：*Acacia senegalensis*

阿拉伯胶树中等树高，高 4 到 12 米，树枝交错下垂，顶部有 3 个弯曲的托叶刺，生复叶，树荫大，圆柱形穗状花序，结大荚果，种子间缢缩，荚果变干后依然挂于树上。

阿拉伯胶树的树干和树枝能产出优质树胶。这种树胶已经取代了传统的阿拉伯胶，市场占有率超过九成。它最有名的产地是塞内加尔（Senegal）的费尔洛（Ferlo）和苏丹的科尔多凡（Kordofan）。

16 世纪，欧洲航海家在塞内加尔海岸和今天的毛里塔尼亚地区发现了阿拉伯胶树。18 世纪，经过惨烈的“树胶争夺战”，法国获得了对西海岸树胶贸易的垄断。

19 世纪初，英国在科尔多凡中部的欧拜伊德（Elobeid）和苏丹港之间建造了铁路，打破了树胶产区的闭塞。英法两大强国从此在树胶贸易上分庭抗礼。

其他产胶的金合欢树

阿拉伯胶树让人联想到远方的商队穿越沙漠，在港口登船远行的画面——法国探险小说家亨利·德·蒙弗雷（Henri de Monfreid）和诗人阿蒂尔·兰波（Arthur Rimbaud）笔下都曾描绘过这样的场景。阿拉伯胶作为食品添加剂，编号为 E414，现在仍然通用。根据规范，只有提取自阿拉伯胶树和赛伊耳相思树（*A.seyal*）的树胶才能命名为“阿拉伯树胶”。同时，多刺金合欢（A.polyacantha）中也可以提取树胶，二者区别主要在于树胶质量略有差异。最有名的是产自阿拉伯胶树和多刺金合欢的一级树胶，质地较硬。赛伊耳相思树（*A.seyal*）、非洲相思树（*A.siberianna*）、具蜜金合欢（*A.millifera*），以及华美相思树（*A.laeta*）产出的树胶则较脆。

树胶生产

胶树所产的树胶是天然的，树干和树枝自然向外渗出液体并凝固。在远古时期，人类已经开始提取这种原材料，并会在树皮上划出切口来提高树胶产量。这和乳香生产一样（比如希腊希尔斯岛乳香是从乳胶黄连木中提取的），其他各类乳胶的生产也很类似，其中三叶橡胶树的乳胶可以制作橡胶，无疑最为著名。

在胶树树干和树枝上先划出 40—60 厘米长的较浅的切口，然后再用手剥开，同时也可揭开几块树

法国树胶

从印度、意大利西西里岛、伊拉克巴士拉，再到北非巴巴利，树胶产地分布广泛。而在法国，树胶就在我们身边，在核果果树（如杏树、樱桃树、李树或桃树）上可以采集到。它可用于医药制作及纺织制造，尤其是可以加固帽子。

皮。树胶就会从伤口处流淌出来，伤口越多，树胶产量就越高，但要注意避免造成树木萎蔫。树胶生产期为 12 月到次年 6 月，其间，每棵树的树胶产量从 20 克到 2 公斤不等，平均每棵树采获 250 克树胶。

熟悉的胶糖

阿拉伯树胶制成的胶糖，口感柔软，为人所熟知。树胶带来的柔韧质感和清新口味使得糖果弹牙耐嚼，也不会粘牙，软硬适中的胶糖裹上糖粉，滋味绝佳。

桦达糖

说到“胶糖”，人们的第一反应就是桦达糖（Valda）。桦达糖 1900 年发明，经由其创始人药剂师亨利·加农内（Henri Cannone，1867—1961）营销推广而家喻户晓。当时桦达糖的广告铺天盖地，身穿

桦达糖（Valda）无疑是广告宣传力度最大的糖果。

植物科属划分体系比较复杂，含羞草属（Mimosa）和金合欢属（Acacia）的命名经常变动。阿拉伯金合欢被林奈命名为 *Acacia nilotica*（过去也称 *Mimosa nilotica*），它也被法国植物学家杜纳福尔（Tournefort）命名为 *Mimosa vera*。蔚蓝海岸边开黄花的金合欢树是金合欢属（Acacia）植物；而我们园林中开白花的合欢树则是刺槐属（Robinia）植物；还有含羞草，这种奇特的小植物会合起自己的叶片，它属于含羞草属（Mimosa）。好了就此打住，还是言归正传来说糖果吧。

蓝外套、白衬衫和红裤子的桦达医生向人们隆重推荐这款裹着结晶糖的绿色胶糖，让人印象深刻。药店里也有机械电子玩偶打着热闹的广告，带火了薄荷、桉树、愈创树、松木等口味的糖果。那简直是一场营销革命。

塞内加尔的树胶被涂抹在邮票背面和带胶的信封边缘，以另一种方式来到我们身边。

扁桃

Prunus amygdalus, P. dulcis - 蔷薇科

头号果仁

植物档案

落叶果树，
树高6米到12米，
树木坚硬弯曲，
树皮黑色。
树木在零下25℃
也能生存，
但花朵无法抵御
零下3℃以下低温。
果实中含扁桃仁，
可鲜食或干制。

开放早花

扁桃（学名 *Prunus amydalus*，又称巴旦木，在果仁零食中有时译作“杏仁”，但真正的“杏仁”是杏的果仁，容易引起误解。本书涉及植物的部分均将其译为“扁桃”，相关糖果中使用的原料实为“扁桃仁”，因约定俗成，部分甜品仍译为“杏仁”。——译注）生于南方，花芳香，2 月开放早花，与其他果树不同步。地中海沿岸自《圣经》时期起就有扁桃栽种，早于其他果树。现在可知中亚山区、阿富汗、西亚库尔德斯坦地区及土库曼斯坦都有野生扁桃树。

扁桃仁的使用由来已久，可入药，也可制甜点。自中世纪起，扁桃做成的甜食就在科西嘉岛和法国南方大受欢迎：艾克斯卡里颂杏仁糖（calisson d'Aix）和黑白两色的牛轧糖就是扁桃的形象大使。

扁桃是入侵植物，到处都能生长，但早花不耐寒，因此其栽种区与橄榄树相似。值得一提的是，法国图尔的扁桃一度享有盛誉。

糖衣果仁

糖衣果仁的来源难以查考，可能是公元前 170 年，由法比乌斯（Fabius）家族的甜品师尤里乌斯·德拉加图斯（Julius Dragatus）发明的，是他想出了点子，将扁桃仁干裹在浓缩好的蜂蜜中。这个大家族每逢庆祝

新婚、迎接新生儿等重要日子，就会分发这种甜食。

而在法国，大约 10 世纪时出现了糖衣扁桃仁，但糖衣直到大约 1200 年才与药剂分家。当时的药剂师会用制作糖衣药片的方法，将普罗旺斯的扁桃裹上糖衣。糖衣果仁成为时兴的甜品，为了送礼还出现了精美的糖果盒。但 1777 年，王室颁布禁令，不允许药剂师售糖。于是，药剂师不再制作糖衣果仁，转由糖果商接手。后者大展拳脚，开发了各种口味，将扁桃换成其他干果、巧克力、水果利口酒、牛轧糖，最奇思妙想的是用上了抹香鲸的龙涎香，倒不是为了追求新奇口味，而是为了保持糖衣果仁的贵族身段。

如今，人们在特别重要的日子才会想到糖衣果仁，比如洗礼、婚礼。只可惜这种场合十分有限。

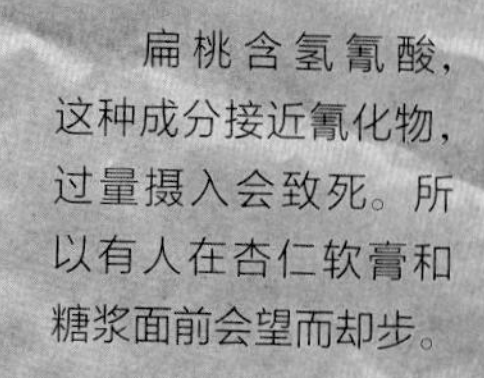
扁桃含氢氰酸，这种成分接近氰化物，过量摄入会致死。所以有人在杏仁软膏和糖浆面前会望而却步。

法国糖衣果仁的产量只占需求量的 10%，其余都依靠进口。遗憾的是，法国国内糖衣果仁品种繁多，远胜于国外，加利福尼亚的舶来品完全无法与其相提并论。

普莱西-普拉兰（Plessis-Praslin）伯爵的厨师在17世纪以熟糖包裹扁桃仁，首创了果仁夹心糖——果仁糖（praline）。

杏仁膏

拉丁语 Panis dulcarius、martius panis 或 marci panis 指的是用扁桃仁和糖做成的杏仁膏（massepain），制作过程中需要用到核桃、开心果和其他果干。

massepain（杏仁膏）的得名可能与威尼斯有关，*marci panis* 是它的拉丁名意为“马可饼”，因纪念威尼斯守护神圣马可而来。威尼斯糖果师选用地中海沿岸的扁桃和波斯高价进口的蔗糖制成了这种甜点。

现在，杏仁膏也称杏仁软糖（pâte d’amande），是混合扁桃仁粉、糖和蛋白制成的糕点，欧洲各国都有这种点心，但成分有所差异。要注意的是在佩里戈尔，massepain 指的是接近无油萨瓦蛋糕（biscuit de Savoie）的糕点，与平常所说的杏仁软糖不同。杏仁软糖非常柔软，易于加工，常会做成水果形或人偶的样子，兼顾视觉和口感。

凡尔登糖衣果仁

最早的糖衣果仁记载之一出现在凡尔登城市的档案中。13世纪时，一个默兹省周边的药剂师原本要调制润喉和帮助消化的药剂，却在研究中意外发明了糖衣果仁，我觉得这两种疗效真是吃糖的好借口。

抢先者！

德国城市吕贝克（Lübeck）抢先申明杏仁膏诞生在他们的城市，声称杏仁膏是8世纪从东方传入德国的，然后才来到威尼斯。

事实上，杏仁膏直到16世纪才传入波罗的海地区，吕贝克人又在其中添加了柠檬和玫

VERDUN en 1916 pendant la bataille
Arrivée des Dragées de Verdun

“一战”时，可怜的法国兵重金购买凡尔登糖衣果仁。

制作器具

过去糖衣果仁是用一种叫作搅拌锅（cul-de-poule）的器具来生产的，看起来就像现在的果仁糖。后来则使用挂着的大盆来制作，工人转动大盆，慢慢地将煮熔的糖浆倒入其中。扁桃仁边滚动边均匀裹上糖衣。1860 年，雅坎（M. Jacquin）改善了制作工艺，运用了一种绕轴转动的铜球，它后来成为糖果工人熟悉的工具。

瑰露，名气越做越大。起初，杏仁膏制作成本很高，仅用于制作防治心绞痛、腹痛、头痛的药物，由药剂师售卖。

相关糖果

提到扁桃，人们的第一反应可能就是杏仁软糖。它的弹牙口感众人皆知，但当它出现在糕点或甜品中，尤其是杏仁奶油饼（frangipane）里时，对那种苦味的接受程度就因人而异了。

现代糖果中较少出现杏仁软糖，只在彩色夹心甘草糖里出现过。据说这种糖果来自英国，我也觉得只有英国人会这么捣鼓甘草。

茴芹

Pimpinella anisum - 伞形科

又称西洋茴香、大茴香

茴芹之味

植物档案

一年生或二年生草本植物，
50厘米到80厘米高，
叶为锯齿状。
花为白色，
形成伞形花序。
果实灰绿色，
有浓郁芳香。

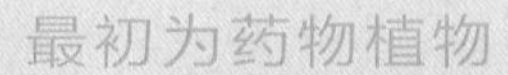

最初为药物植物

本书中屡次提到，所有植物在用以制糖之前都曾作药用。茴芹的叶可调味，籽粒有香气，自古就很有名。最好的茴芹来自埃及和埃塞俄比亚，其次是希腊和西班牙。普林尼（Pline）表示茴芹是很受毕达哥拉斯推崇的一种植物，他提出在热红酒中放入茴芹，可以治疗蝎子蜇伤，现在也可以尝试这种药方，不过疗效并不确定。还有一种药方是说，把茴芹和茴香泡在醋和蜂蜜中一饮而尽，能治疗疟疾和蛇咬伤。

我们通常所认为的茴芹的"种子"，其实从严格的植物学范畴来说是它的果实。

严格地说，茴芹被用以治疗各种消化系统疾病，人们认为这是一种很好的驱风药，可以利尿，能止渴。萨莱尔纳（Salernes）医学院表明，茴芹有抗衰老的功效，能使呼吸平缓，去除口气，还有催情作用，只要同伴不退缩，一切都会恰到好处。茴芹的这些特性都不能掩盖它的主要成分，那是一种精油，接触时要非常小心，这种精油的贸易是受到管控的，因为它有毒，会引起麻醉、麻痹甚至深度昏迷。

明辨真伪

为了快速测试茴芹的质量，过去买家会拿一小撮籽粒放在叶子上，然后轻轻一吹。轻的是空的籽粒，已经被虫咬过。货物优劣高下立见。

辛辣茴芹

正如《三个火枪手》讲了四个火枪手的故事，“四大香辛料”其实包含五种物质。所谓香辛料（semence chaude），指的是能发热、有刺激性的药用

茴芹能利尿、解渴，是否应该以此为卖点打响广告？

弗拉维尼茴香糖盒上的牧羊人和牧羊女对美食家们来说是再熟悉不过的。

植物的籽粒，现称为提神物。这四大香辛料是茴芹、茴香、孜然、葛缕子，另外还要加上芫荽。此外还有四小香辛料：野芹菜、欧芹、阿米芹、胡萝卜。为了与之相对应，药典里还列出了寒性物的籽粒，它们可用于缓解动物发烧、发热。四大寒性物为黄瓜、柠檬、南瓜和西葫芦，四小寒性物为菊苣、苦苣、生菜和马齿苋。

其他茴香

除了茴芹，还有八角茴香（Illicium verum），又称大料、大茴香，可用于汤剂中，治疗腹胀和各种消化问题，比如吞气和胀气。茴香还能用于制作各种茴香酒。

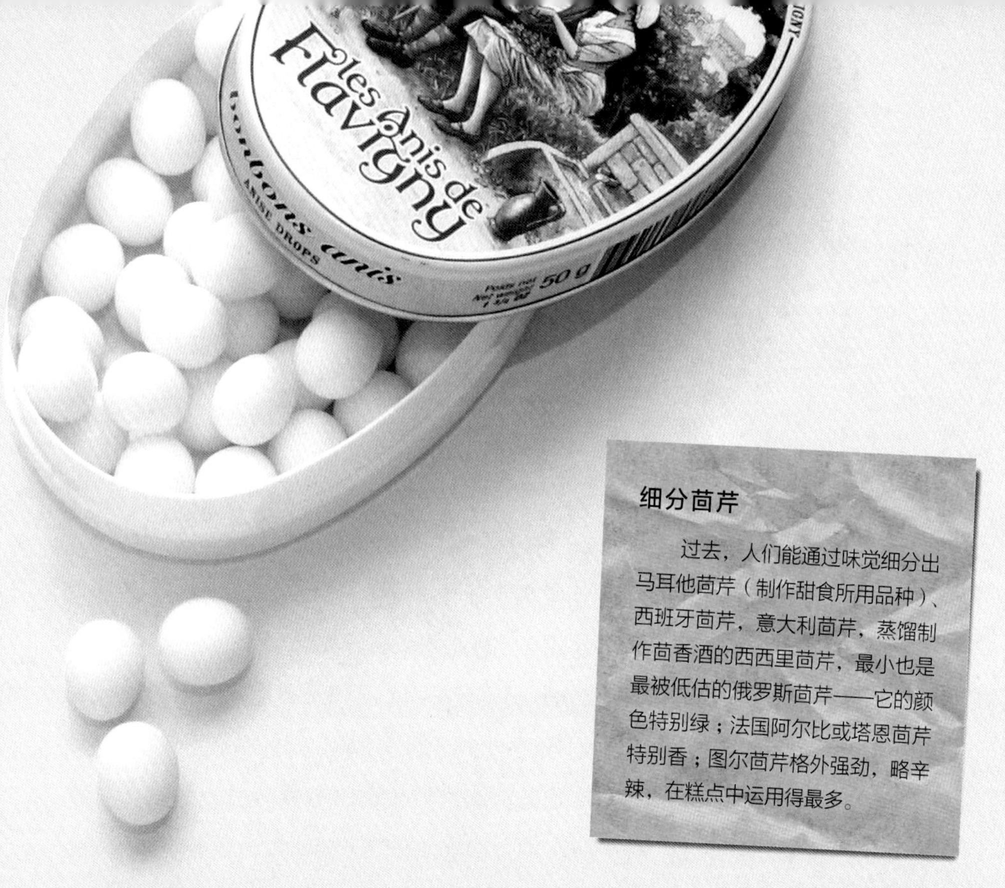

细分茴芹

过去，人们能通过味觉细分出马耳他茴芹（制作甜食所用品种）、西班牙茴芹，意大利茴芹，蒸馏制作茴香酒的西西里茴芹，最小也是最被低估的俄罗斯茴芹——它的颜色特别绿；法国阿尔比或塔恩茴芹特别香；图尔茴芹格外强劲，略辛辣，在糕点中运用得最多。

比如生长于灌木丛的芳香植物“神香草”（hyssopus officinalis），可用以制作各种利口酒、茴香酒、苦艾酒和蜜蜂花水，还有廊酒、荨麻酒，其功能都是帮助消化。

弗拉维尼茴香糖（L'ANIS DE FLAVIGNY）

这是最古老的糖果遗产之一，由奥泽兰河畔弗拉维尼（Flavigny-sur-Ozerain）的本笃会修士制作，所用的茴芹都是由名叫弗拉维奥（Flavius）的罗马旅行家带到当地的——不过糖果并没有以他的名字命名。

几个世纪以来，这种糖也被称为茴香夹心糖、小凡尔登、皇后糖等。经过改革，只有八家糖果商制作这种糖果，而现在仅剩一家。

茴香糖的销售很火爆，它是第一种在火车站和地铁站自动贩卖机出售的糖果。

香柠檬

Citrus bergamia - 芸香科

绝佳精油

植物档案

3米到5米的常绿小乔木，
开大量小白花，
香气柔和。
11、12月结果，
表面平滑或粗糙，
果肉浅黄绿色，多汁。

错当柠檬树

18 世纪的书中介绍说，香柠檬是柠檬树嫁接到贝加莫梨树树干上产出的果实（贝加莫梨的变种非常多样化）。如此一来，香柠檬成了梨树和柠檬树的“私生果”（fruits adultérins）。这是大错特错的，因为我们知道两个非同属植物之间无法进行嫁接。香柠檬应为意大利南方柑橘田中偶然出现的杂交品种，14 到 15 世纪之间由苦橙演变而来。还有一种说法认为，香柠檬是苦橙和柠檬，或苦橙和酸橙的杂交种类，很难形成定论，通常集中在柑橘植物范围内。长期以来，人们称其为贝加莫柠檬或贝加莫甜橙。

卡拉布里亚的香柠檬品质最佳，不过西西里的也很不错。

不确定的词源

香柠檬（法语为 bergamot）的名字来源同样存疑。香柠檬来自意大利的贝加莫（Bergamo），那里大量种植这种植物，人们还称其为“贝加莫梨”。也有人提出它的名字来自土耳其语 beg armudi，“领主之梨”，认为香柠檬来自于亚洲，是由十字军带来的。还有人声称它是哥伦布从加纳利群岛带来的，它的名字来自其原产地，

香柠檬甜美芳香，细腻柔和，只用于制作精致的甜品。

巴塞罗那北部的贝尔加（Berga）。不管是西班牙说还是意大利说，有一点是肯定的，意大利南部的确是香柠檬的主要种植地，90%的产量来自卡拉布里亚大区（意大利语 *Calabria*）。还有一点确凿无疑——我们更关心的是它美味与否。

香柠檬主要有四种变种，梵塔斯蒂克（Fantastico）、卡拉布里亚（Calarese）、加斯塔尼亚罗（Catagnaro）和费米耐罗（Femminello）。（以上均为意大利的香柠檬产地。——译注）从果皮到花朵都能提炼多功能的精油。过去，香柠檬在去除果肉后，果皮可制成小盒子，能长久留香。

只适应温和气候

香柠檬树是一种少刺小乔木，最佳条件下可长至5米高。和其他柑橘植物一样，叶片碧绿光亮，白色花朵有珍珠色泽，散发柔和香味。

果实坚硬，类似于果皮颜色偏浅、呈金黄色至橘黄色的甜橙，重80克到200克，圆形，略呈椭圆。还有一个特点，就是与枝条连接点的相对处，会冒出一段尖角。

香柠檬不耐低温（零下5℃），所以它在法国的栽培局限于科西嘉岛和蔚蓝海岸的适温地区。此地出产的香柠檬果肉酸苦，仅果皮可用，其中富含芳香精油。

并无玫瑰味

有一种香柠檬叫“蜜玫瑰”（Mellarose）。如果嗅觉灵敏，可以闻出其中柠檬混合甜橙和葡萄柚的香气。

但要说“玫瑰香”却完全没有。观察家居维耶（Cuvier）则不这么看，他曾经指出“蜜玫瑰”的果皮和碎裂的叶子散发出玫瑰芬芳。

无论如何，有一点可以确定，将其果皮泡入桃红酒和白葡萄酒中，能制成可口的橙香酒。

香柠檬的用途

香柠檬的精油很特殊，细腻柔和，用途众多。在芳香疗法中，它的灭菌、解痉和驱虫特性非常珍贵，同时它还能刺激肠胃功能。在化妆品中，它是主要的古龙水原料（古龙水是18世纪由一个意大利人在德国科隆发明的）。在下午茶中，香柠檬也可用于伯爵红茶和仕女伯爵茶中，起增香作用——第二代格雷伯爵查尔斯·格雷（Charles Grey）是伯爵红茶的发明者。

感谢格雷伯爵，每天下午5点，我总会准时想到您。

您或许会稳坐在扶手椅上，回味刚才吃过的塔吉锅中那几块香柠檬皮，也可能您抽着的烟中就有香柠檬香精。您还可能打算尝几块南锡特产香柠檬糖来一饱口福。

南锡香柠檬糖

15世纪，安茹的勒内（René d’Anjou）（即著名的普罗旺斯勒内国王）和勒内二世从意大利南部柑橘种植区带来了香柠檬精油。长期以来，这都是皇室专供特产。18世纪，斯坦尼斯瓦夫国王（roi Stanislas）

的厨师吉耶（Gilliers）发明了香柠檬麦芽糖。1857年，糖果师戈德弗鲁瓦·利里柯（Godefroy Lillig）才将这种糖做成了我们现在熟悉的方形，他首次将香料商朋友的香柠檬精油加入糖果中，使香味更丰富。

1993年，南锡的“马卡龙姐妹糖果店”（Sœurs Macarons）获得了原产地地理标志认证（IGP），当时获得认证的仅有蒙特利马尔牛轧糖一家，这对糖果商非常有利。

南锡香柠檬糖精确秘方的所有权属于四家糖果商。不过大致介绍下工艺应该不算泄密：首先在直火上（也就是直接放在火上）烧煮糖，再加入香柠檬精油。将混合物浇在台面上，手工或用轧制机切割。

古龙水

古龙水历史上叫作“奇异水”或“奇迹之水”（Aqua di regina），由佛罗伦萨的修道士制作。1725年，香料商尚-保罗·费米尼（Jean-Paul Féminis）来到德国科隆销售“奇异水”。很快他又联手侄子尚-马赫·法里纳（Jean-Marie Farina），共同改良了“奇异水”的配方，使之成为跨越世纪的“古龙水”。起初，使用古龙水只是为了闻香，后来人们还用它治疗溃疡、痉挛和腹痛。

可可树

Theobroma cacao - 茶科

荚果仙子

植物档案

常绿植物，
高达10米到15米，
叶大、有脉，
每年开花结果，
500朵白色小花中
仅有一朵长成荚果，
直接着生于树干上，
树木生长期为五十多年。

险些错过慧眼

对于可可，航海家哥伦布毫无兴趣。其实各个领域都不乏有待发现的新事物，包括新的植物。他自己也承认对植物相对忽视；第一次航海他就未带一名优秀的植物学家。但他本该记得这样一个小细节：当时印第安人迎接他时，向他赠送了一件自己视若珍宝的见面礼——一把棕色的种子。他的养子费迪南（Ferdinand）也参加了首次航海，他曾记录道：“种子刚落地，他们就迫不及待地去捡拾。”而后在1502年，哥伦布再次从一位印第安酋长手中接过一些种子，却仍然没有正视其价值。为此他的儿子这样辩解：“本就无意，自难成事。”（真是大错特错。）

之后，是埃尔南·科尔特斯（Herman Cortès）真正评估了可可的价值。为了淘金，他于1519年在塔巴斯科（Tabasco）海岸登陆，蒙特祖马（Moctezuma）皇帝精心安排，以金属杯为盛器，邀他品尝了一种用可可调制的饮料，他立即意识到了可可的重要性。随后他向查理五世（Charles Quint）汇报了可可对印第安人的意义，甚至表示能用可可当作货币来交易。比如一只兔子值8颗可可豆，一个奴隶约值100颗可可豆。科尔特斯还估算出1000颗可可豆值3个达克特金币（ducat，欧洲旧时流通的一种货币。——译注），这个价值不

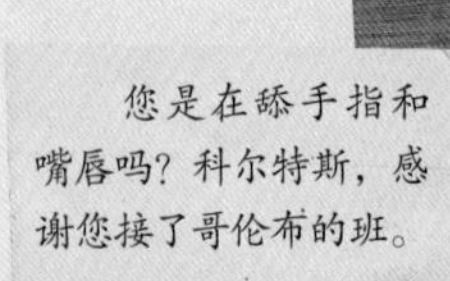

您是在舔手指和嘴唇吗？科尔特斯，感谢您接了哥伦布的班。

法语中的 cabosse（荚果）一词源于西班牙语的 cabeza，意为头部。

容低估，即便当时人们还做着淘金梦。

可可的早期用途

可可的食用可能始于史前。部落里人们会食用可可种子旁的果肉。可可树的培植有 2500 到 3000 年的历史，首先由奥尔梅克（Olmec）人种植。他们在中美洲进行贸易时，在今天的墨西哥地区发现了可可树，带回培植后，又传到了邻近的玛雅人那里，后者直到 15 世纪一直栽种这一树种，同时，托尔特克人（Torèque）也种植了可可树直至 12 世纪。后来西班牙人发现，阿兹特克（Aztèque）的富人会磨碎可可豆，然后混合水、辣椒、麝香等香料调制成饮品。这种饮料被奉为补品，人们赋予了它神奇的特性。他们还在玉米面中加入可可增香，用以日常食用。西班牙征服者对这种苦味饮

三种可可

1522年，西班牙征服者发现了一种可可树，可可豆呈白色，荚果为浅红色，尖头，呈瘤状突起。几年后，西班牙人扩大了可可树的培植范围，一直拓展到现在的委内瑞拉及以南地区。在那里他们发现了另一种可可树，荚果为黄色，表面光滑，种子为紫色扁平状。

为了区别两者，他们把第一种命名为“Criollo”（西班牙语，意为“原生”），第二种是在亚马孙丛林发现的，命名为“Forastero”（意为“异国”）。再往西部，另一种接近Forastero的可可树更受青睐，其种子更有肉质，有橙花和茉莉的怡人香味。

西班牙人称其为“Arribo”，可以翻成“高地”，因为它是在厄瓜多尔的巴巴奥约（Babahoyo）村庄的高地发现的。厄瓜多尔人以此为傲，将其取名为“Nacional”（西班牙语，意为国民——译注）。这三种可可是世界各地可可品种的起源。

料进行了改良，使之成为一款提神饮料。它甚至还被人们视为梦寐以求的催情饮品。当时的修道士认为辣椒过于辛辣，将其替换成香草（印第安人已尝试过这种配方），还特意加入了糖。这种甜饮料由此开始接近现在的巧克力。

印第安人在可可食用上远远早于我们，但在我们家，“消灭”巧克力第一人却是在下。

1528年，科尔特斯最早将可可豆带到西班牙，为制作巧克力提供了有用的食材。1585年，一大批可可豆从墨西哥维拉克鲁斯被运往西班牙塞维利亚，与此同时，西班牙最早的巧克力商店开张营业。17世纪初，西班牙的巧克力渐渐风靡整个欧洲。

可可来到欧洲

西班牙国王腓力三世（Philippe Ⅲ）1615 年将其女儿——奥地利的安妮（Anne d'Autriche）嫁给了路易十三，堪称巧克力走出西班牙国门的一次战略性推动。这位王后成为巴黎宫廷中的最佳巧克力推广大使。1660 年，他们的儿子路易十四虽然对巧克力兴致不高，但他的西班牙妻子却推动了巧克力热潮的延续。巧克力在皇室盛行了起来，但在巴黎城中仍然很少见，外省则更是无人知晓。后来，书信作家塞维涅夫人（Madame de Sévigné）在给女儿的信中介绍了这种热巧克力的风潮。但她先是大赞巧克力，继而又竭力贬低这种饮品，实在有些善变。要提醒一点，在十七八世纪，巧克力依然只是一种饮料。

之后，人们在可可膏里添加了糖和香料，放在木制或锡制的模具里压制成板状或圆柱体（非液态，不会流动）。也在制作饮品时刨下碎屑在水或牛奶中融化，再将其油脂打出来。巧克力表面上被当作一种药物或普通食物，实际上却是一道绝世美味。

19 世纪的工业化发展也影响了巧克力，使其变得更为常见。而巧克力的药用制作工艺也是不胜枚举，人们号称它能缓解疲劳，治疗肺部感染，有镇定功效，还能改善便秘。

这种巧克力驱虫药在 20 世纪 60 年代很受欢迎。

巧克力现代转型

1825 年，荷兰人范·豪登（Van Houtten）发明了一种工艺，能将可可脂与固态物分

冒着泡沫的热可可也是源于可可豆的伟大发明。

讷韦尔焦糖巧克力

在还没有市场营销，没有衍生品的年代，糖果商格鲁尼埃尔（Grelier）就已在讷韦尔（Nevers）小城经营有道。在每年年末的节日里他都会顺时应景，推出一款新甜品。1901年，埃塞俄比亚的皇帝曼涅里克（Ménélik）出访来到讷韦尔，格鲁尼埃尔以其肤色为灵感，顺势推出一款焦糖巧克力糖果，取名为“讷韦尔的埃塞俄比亚皇帝”（Le Négus de Nevers）。这种糖果充满异国风情，在此之后还有另一款叫“阿比西尼亚”（Abyssin，埃塞俄比亚的旧名）的糖果问世，增加了咖啡的香味，不过现在却少有人知。

离，形成圆饼状。在可可膏里加入可可脂会更柔滑，更有韧性，不易脆裂，因此也更容易塑形。

1836年，巧克力商梅尼埃尔（Menier）制作了六块板状半圆柱体的黑巧克力，推动了巧克力的普及。但那时巧克力还是带有颗粒感的。1879年，瑞

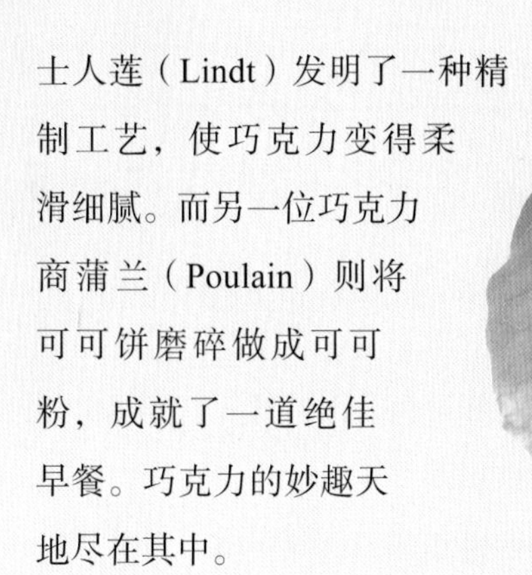

士人莲（Lindt）发明了一种精制工艺，使巧克力变得柔滑细腻。而另一位巧克力商蒲兰（Poulain）则将可可饼磨碎做成可可粉，成就了一道绝佳早餐。巧克力的妙趣天地尽在其中。

植物学和生态学知识

可可树仅生长在热带地区，要求气候炎热湿润，全年气温在25—30℃，湿度须高达85%，并要定期降雨。气温在10℃时可可树就会“冻伤”，如果干燥的季节持续三个月，可可树就会停止生长。其生长高度位于海平面至海拔800米，可在大树遮蔽的半阴条件下生存。

巧克力球更名史

美味的华夫饼皮裹着甜美的蛋白霜，覆以一层黑巧克力，大家都知道这种小甜点。1930年这种甜品诞生于瑞士沃州佩里耶（Perrier）公司。大家也都体验过咬开巧克力外壳，甜蜜滋味瞬间绽放的感受。1992年，出于政治正确考虑，这种甜点被命名为“巧克力球”（Tête de choco），但对我们来说，它还是青春记忆中的“黑佬之头”（Tête de nègre）。

巴西棕榈树

Copernicia prunifera, Corypha cerifera - 棕榈科

植物世界王子

植物档案

高达15米的棕榈树，
直立茎干，
生巨大棕榈叶，
绿色掌状，
微透蓝绿色，
上覆天然蜡，
呈碎屑状剥落。

法国的棕榈树

热衷棕榈的人知道，19 世纪初，棕榈树开始受到追捧，热度持续至今。从十多个热带地区传入的棕榈树起初是中产阶级家庭室内装饰的首选，随后才得到普及。其中，巴西棕榈树并不太有名，因为它来自异国，并且和其他棕榈树相比装饰性不强（至少不够小巧），而它在自然界却堪称最美植物代表之一，被林奈誉为“植物世界的王子”。

1867 年，巴黎世博会为巴西棕榈树推波助澜宣传了一番，巴西棕榈树被一则简介过誉为“对人类最有用的植物”。当时人们总是抒情而亢奋，把其中的“巴西棕榈树”换成其他任何一种实用植物都未尝不可。痴迷棕榈树的人甚至成立了协会，他们会记得，1819 年，德国植物学家冯 · 马蒂乌斯（Von Martius）对巴西棕榈树的植物描述功不可没。而植物学行家

棕榈蜡能用于留声机保养。

则知道，早在 1810 年，植物学家曼努埃尔 · 阿鲁达（Manuel Arruda）已经把巴西棕榈树命名为 *Corypha cerifera* 了。

过去，人们无法把理查德 · 克莱德曼的音乐保存成 Mp3，音乐是刻录在蜡制的留声机圆筒上的，因为主要材料是蜂蜡，质地较软，很容易在使用中磨损。后来，人们在其中添加了 30% 的巴西棕榈蜡，才使之更为坚硬耐磨。

巴西棕榈树树影。

珍贵的巴西棕榈蜡

1855年的里约热内卢《国家工业助手》(*Auxiliadora da Industria*)中对巴西棕榈树做了详细的说明。其中内容都是重复了法国医生德贝奇(Théberge)所撰写的植物简介——后者曾长期旅居巴西塞阿拉。

不必展开描述其花朵，我们只需要知道巴西棕榈树的果实大小和榛子差不多，可以磨碎烘焙，制成类似咖啡的饮料。巴西棕榈树的直立茎干高15米以上，树干笔直纤细，直径30厘米到50厘米。一束棕榈叶形成完美的椭圆形，使树形轻盈优美，增添了美感。

棕榈叶以6片到8片树叶集生干顶，当棕榈叶为嫩叶时，呈浓密束状，叶片会渗出一种干燥、粉末状、灰白色、有芳香的物质。随着叶片的生长，当风吹过或稍有摇晃，这种物质就会剥落。

光亮的上光蜡

裹着巧克力糖衣的花生表面闪耀着光泽，“只溶于口，不溶于手”，广告词中这样介绍。这种糖果叫作 M&M，借用了“聪明豆”（Smarties）五颜六色的外观，而在 20 世纪 60 年代，它还只有栗色一种颜色。小小的外观革新造就了可观的品牌效应。长期以来，表面上了蜡的糖果显得光亮无比，又相对耐脏，而这种上光材料就是如同镀银一般的巴西棕榈蜡，很容易在外包装上找到。

巴西棕榈蜡的用途

巴西棕榈生长在巴西某些极度干旱的地区，也出现在水灾地区。即便在水灾频发地，也会有极其干旱的时候，这个时候就需要棕榈蜡保持水分。表面覆有棕榈蜡的嫩叶被采下并干燥，蜡就会形成保护层，呈片状不断剥落。过去，天然的棕榈蜡会被当地人用作照明材料。它可以混合油脂制成优质蜡烛，燃烧速度比蜂蜡和其他棕榈蜡都慢。棕榈蜡质地坚硬紧密，还能做上光蜡，如今还用于化妆品中，同时也是一种食品添加剂，编号 E903。

湖中起火

1845 年，巴西阿拉卡蒂周边居民目睹了一个奇异的自然现象。一场严重的旱灾导致湖水干涸。最令人惊讶的是湖底竟然着起了火。几百年来漂浮着的巴西棕榈蜡碎屑沉积在湖底，燃烧了数日。

栗子

Castanea sativa - 壳斗科

香气扑鼻

植物档案

落叶乔木，
可高达30米。
开黄色茸毛雄花，
基部的雌花较为分散。
干果生于带刺壳的斗中。

赛过欧元

闭上眼睛想象栗子的模样，眼前就会浮现阿尔代什、科西嘉、瓦尔和赛文地区的风景——这些都是栗子的产地。1850年是赛文栗子的黄金时代。当时栗子是农村经济的核心，很多时候甚至堪比货币。人们用栗子换取奶酪、橄榄、盐和小麦。如家里人手不够需

栗子的历史与栗黑水疫霉相伴。

雇用临时工，对方的报酬就是收成中的一半果实。通常他们为长工提供食宿，但不给工资，栗子就相当于薪酬，租金也同样用栗子结算。

史前时代已发现栗子的踪迹，法国最古老的栗子化石可以追溯到中生代，发现于科雷兹省的市镇东泽纳克；另外栗子的花粉或木炭化石，也出现在拉斯科或夏朗德。

1870年，由于栗黑水疫霉的出现，农民们不得不放弃种植栗树。栗子这一优良树种富含鞣质（鞣质法语为 tanin，英语为 tannin，又音译为“单宁”，是

植物细胞的单宁体中的一种防卫用化学成分，有防止蚜虫攻击、保护植物免受紫外线伤害等作用。——译注），而病害的发生在一定程度上终结了栗树不会腐坏的声誉。与此同时，葡萄种植在经过根瘤蚜危机后，又迎来了复兴。而剩下的栗树木材只得用来充当矿井的支撑物，或当燃料用于高炉炼钢，这种原本尊贵的树种也算找到了一条狭小的出路。

1900年，通过引进抗霉变的亚洲品种，栗子种植重新复苏。“二战”期间栗子再次成为不可或缺的食物。然而20世纪50年代农村人口外流，以及随后树皮溃疡的扩散，又一次造成了栗子种植的低谷。如今，栗子种植再度受到人们的重视，可谓一件幸事。

过去栗子的作用举足轻重。

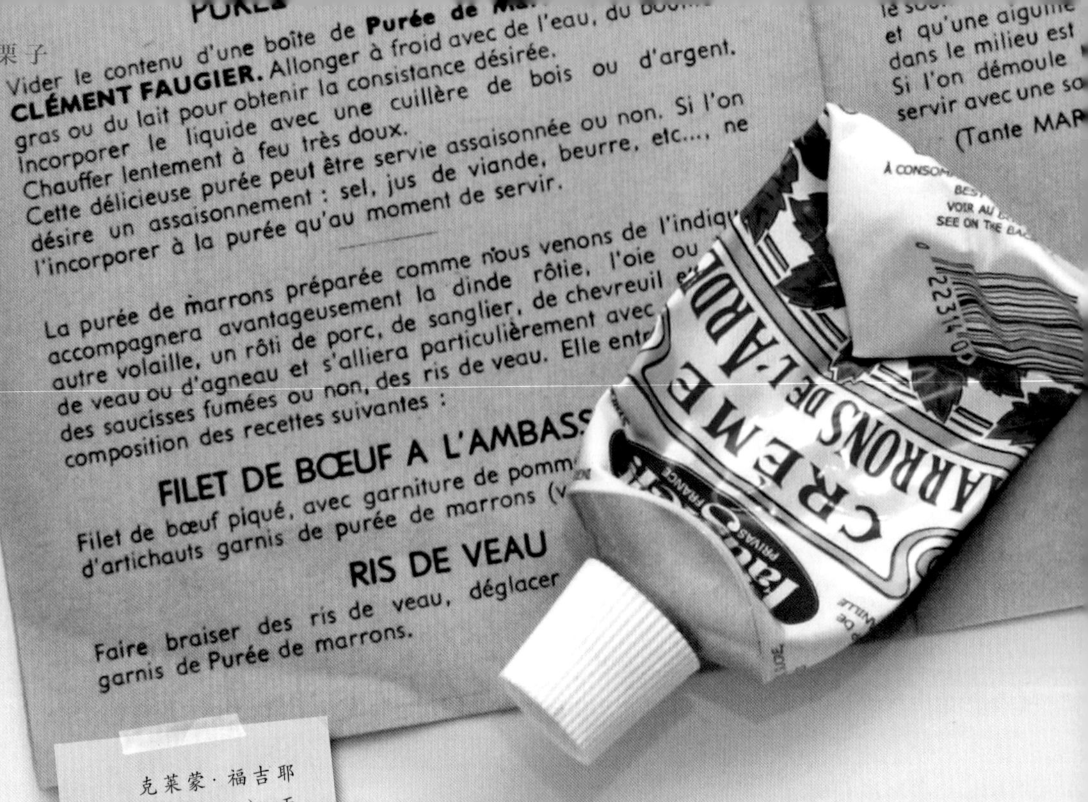

克莱蒙·福吉耶（Clément Faugier），天然栗子泥的使用说明。

栗黑水疫霉

栗黑水疫霉由两种病菌引起：栗黑水疫霉病菌（*Phytophtora cambivora*）和根腐菌（*P.cinnamomi*），病菌会侵入栗树根部和根茎。病害造成树叶逐渐枯萎，树冠从上到下干枯，再结实的栗树也会在三到四年间死亡。树根被黑斑覆盖，这些黑斑会蔓延到树干底部并渗出黑水，这种可怕的病害由此得名，1860 年首次在法国发现。

法语中“châtaigne”栗与“marron”栗的区别

法语中“châtaigne”与“marron”都是指栗树的果实。那么这两者的区别在哪里？简而言之，区别在于果仁是否有隔膜，没有隔膜的是 marron，有隔膜的则是 châtaigne。不过从法规角度，一种栗子变种产出有隔膜果实的比例如少于 12%，仍然被归为 marron 这种栗子。

最后，还要注意不要混淆栗树与七叶树（marronnier d'Inde），后者为装饰性树种，果实巨大，不同于栗子。

友谊无价

为了给住在东非桑给巴尔岛的好友帕谢尔（M.Perschier）寄送糖渍栗子，克莱蒙·福吉耶设计出一种抽真空的工艺，这样再也不必担心温度和湿度会影响糖渍栗子的品质了。“人人渴求友谊，却可曾想过何为友谊的真谛。”法国作家舍尔（Aurélien Sholl）如是说。

糖渍栗子和栗子酱

糖渍栗子（marron glacé）是一种古老的甜食，路易十四时期就在凡尔赛宫大放异彩。在拉瓦雷讷（Sieur de la Varennes）1677 年《完美果酱制作全书》（*Le parfaict confiturier*）中最早记载了糖渍栗子的制作工艺，所谓“栗子口味升级术”。栗子烧熟剥皮后浸在糖水中，并不断更换新的糖水。这道细腻的工序自几个世纪以来一直延续至今。可想而知，在此加工过程中存在很多边角料，整粒的可以出售，而小碎粒则要丢弃。但事实并非如此。1882 年，阿尔代什省的工程师克莱蒙·福吉耶（Clément Faugier）在阿尔代什首府普里瓦首创了糖渍栗子的作坊。此举使栗子边角料变废为宝。1885 年，他率先将栗子碎粒与整颗栗子、糖、糖浆和香草混合，精心制成“阿尔代什栗子酱”（crème de marrons de l’Ardèche）。这道甜美可人的小甜食成为历久弥新的美味。

椰子树

Cocos nucifera - 棕榈科

热带风情

植物档案

椰树树干细长，
高20—30米，
较多生长在海滩边。

古老的椰子

椰子树极其古老。新西兰发现了距今数百万年历史的椰子化石。但是椰子来源于何处却很难有定论。而且由于椰子可以长距离漂移，在空间分布上更为分散。不管在湿润的热带地区，或在各个亚洲国家，斯里兰卡、印度及印度尼西亚，还是在非洲国家，莫桑比克、坦桑尼亚、加纳，都出产椰子。

在拉丁美洲，椰子从东西两条路径引进。椰子常生长在热带湿润地区或是风景如画的海滩边，但它并非总是临水而生。比如印度有一处海拔 1 千米的地方就发现有椰子树。后来，人们通过人工开发种植椰子树，于是放弃了自然移植。

在许多热带国家，
采摘椰子都是一件大事。

要辨识椰子树的品种非常困难，因为椰子树种类繁多，植物生态、形态及颜色均不同。比较容易区分的有两大类：大椰子树和小椰子树（后者种植率占 5%）。椰子树寿命长达百余年，种植期间五十年左右采伐一次，能拥有椰子树是一件相当幸运的事。

椰子的用途

椰子树几乎可算是万能树，这是许多棕榈科树的共同点，比如中东地区的椰枣树。通过椰子树可以获得建材、纺织纤维，但我们最感兴趣的莫过于它的食用价值。椰果肉中可以提取椰子油，其液态胚乳就是著名的椰子汁，而果肉也是重要的食材。

要注意采集未绽放的椰子佛焰苞的汁水。这种汁水可用于制作醋、酒，可以酿制棕榈酒（toddy，使热糖浆发酵后达到 6° 到 10° 的酒精浓度），这种酒在斯里兰卡很受欢迎。

一棵有趣的双杈椰树。

采摘椰子必须身手灵活，有些地区会让猴子上树摘果。

椰子树除了能提供椰子之外，还能供应木材、纤维等。

细说椰果

椰果属于核果，和李子一样，无须赘述。椰子重达 1 到 2 千克。外果皮薄且光滑，从外至内呈现棕色至浅灰色。中果皮厚达数厘米，纤维丰富，提供著名的椰子纤维，确保椰子能在水上漂流。内果皮为木质，椰壳可以制成家中的置物盒和烟灰缸。椰子有单个果核，内胚乳液体部分为椰汁，固态部分为椰肉。

赶快逃走！

嗅觉灵敏的东西，能分辨出椰子在哪儿，一旦你的美食被它盯上，还是放下食物逃走吧——我说的就是椰子蟹（Birgus latro），它是最大的陆生节肢动物。如果你想见识一下它的模样，

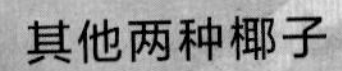

其他两种椰子

海底椰，学名为*Lodoicea maldivica*，是来自塞舌尔的海椰子，其种子为植物界最大的种子。布迪椰，学名 *Butia capitata*，来自智利，常见于南法庭园，结小果，可食用。

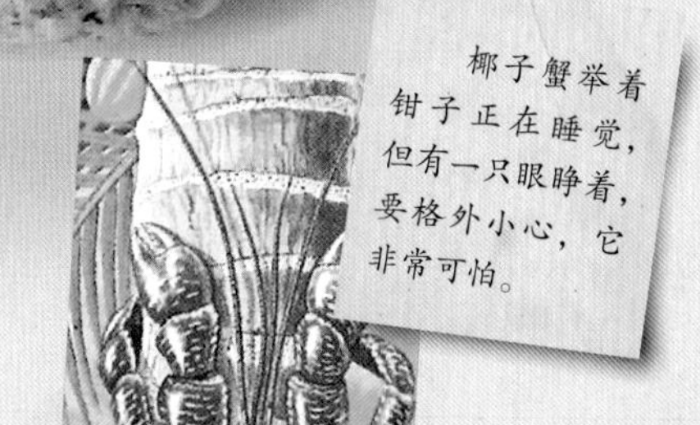

椰子蟹举着钳子正在睡觉，但有一只眼睁着，要格外小心，它非常可怕。

记住千万别抓住它的蟹钳，因为那对钳子威力十足，是蟹用来打开椰子吃果肉的利器。

如风的糖果

近数十年，前人探索自然，发现了许多不可思议的甜食，而现代糖果爱好者对椰子的最初印象恐怕非椰子球莫属。椰子球食之略干硬，果肉碎会嵌入牙中，留下印迹。有些美食行家一眼就能分出其中添加了哪种色素，到底是E104、E110还是E122（E104、E110、E122均为食品添加剂编号，分别为喹啉黄、晚霞黄和偶氮玉红，是椰子球中添加的色素。——译注）。（并不能，我只是开个玩笑！）

品尝一种口感轻盈而入口即化的甜品，就如同微风拂过味蕾。是风，没错，椰子球带来的是椰香缕缕的信风。

榅桲

Cydonia vulgaris - 蔷薇科

天堂木梨

植物档案

小乔木，树高4米到5米，先长叶，后开花，与其他蔷薇科果树不同。

外硬内软

野生榅桲生长于亚美尼亚、土库曼斯坦和波斯以北的里海沿岸区。四千多年前，希腊人就开始栽种这种树木，Cydon 岛的榅桲品质最佳，因此这种果子的拉丁名 Cydonia vulgaris 即来源于这座岛。

Cydon 果（也称“金苹果”或“木梨”）被罗马人改称为“*cotonea*”，可能是为了强调榅桲表面密布的细茸毛，这也是普罗旺斯方言“*coudonier*”的来源。

榅桲的粉色花朵也很惹人喜爱。

这种椭圆形的果子需要煮食。普林尼提到过另一种榅桲品种，学名为 *mulvienne*，似乎更适合生食。

榅桲果酱的起源

大家会发现各种水果做成的软糖都统称为“水果软糖”（pâte de fruits），从来不专门指明“李子软糖”“草莓软糖”或是“生梨软糖”，但是我们会说“榅桲软糖”（pâte de coing）。为什么这种水果就如此特殊呢？其实只

榅桲的一年四季。

是因为在古代已经有了榅桲软糖，并形成了自己的发展脉络——当然最初也是做药用。

2世纪时，古希腊医师盖伦研究描述了半透明榅桲果冻（diamelon）和榅桲软糖（citonatum）的用途，两者都有肠胃药功效，可以治疗消化系统感染。他表示榅桲果冻是他的发明，还介绍说在伊比利亚半岛，榅桲软糖是用榅桲果肉加了蜂蜜烧煮而成的，后来这种软糖大量出口到罗马，很受欢迎。直到今天，榅桲软糖仍是西班牙和葡萄牙的特产（西班牙语：*pasta de membrillo*，葡萄牙语：*marmelada*）。

中世纪时，榅桲甜品名义上还是供药用，人们以此为由不断改良配方，将榅桲放在葡萄汁、蜂蜜或红葡萄酒中炖煮成果酱，许多菜单上都有这道美味。从那时起，榅桲果酱的制作工艺几乎形成了固定传统，一直传

承了几个世纪。从19世纪开始，榅桲果酱的配方发生了变化，与17世纪时最大的不同是不再使用红酒，并与许多甜品一样，将原配方中的蜂蜜换成了糖。在制作过程中，人们将榅桲果冻趁热倒入冷杉木（后为云杉木，同冷杉木有细微差别）木盒里，盒子为圆形扁平状，最小的盒子称作“小淘气”（friponnes）。树脂的香气增加了甜品的风味，两者有机融合在一起。对此，1810年有本杂志居然喋喋不休地给出恶评：“榅桲果酱是小孩子的果酱，它是用榅桲、醋栗和糖的汁水调制的，把热果冻倒入冷杉木盒中，渗入了冷杉的味道，所以口感极差，不过由于这种酱是齁甜的，小孩子也就别无他求了。”我们完全不必理会这番说辞。

还是让我们继续维持这种小小的仪式吧，从盒盖上掰一块木片当勺子，或直接像小熊一样大口大口地

拉伯雷在《巨人传》中就提到过榅桲果酱的妙处，当时这种果酱被称为coudignac或coudoignac，这两个名称来源于普罗旺斯方言的coudougnat，也是榅桲果酱得名cotignac的出处。

舔着吃。有人觉得榅桲果酱是贝壳糖（roudoudou）的“前辈”，后者是一种诞生于“二战”后，盛在贝壳中可以舔食的糖果。

医疗功效

榅桲果酱在中世纪由药剂师制作，因可以开胃和助消化而深受人们喜爱。大家会将其作为开胃菜，以促进消化，它还能解酒，“温和无害”，舒缓肠胃。

1555年法国医师诺斯特拉达姆士（Nostradamus）指出，榅桲果酱的优势体现在两方面：一是可作药用；二是随时都能品尝。

奥尔良榅桲果酱

再简单的配方也是经过几个世纪的调整形成的。与上页提到的词源不同，有一种说法认为传承至今的榅桲果酱（cotignac）起源是这样的：14世纪时，有一个来自瓦尔省（Val）科蒂尼亚（Cotignac）村的糕点师带着他的榅桲果酱配方搬到了奥尔良（Orléans），使之成为奥尔良特产。路易十一统治时期（15世纪下半叶——译注）起，榅桲果酱成为皇家甜品，用来招待来访奥尔良的重要人物。此后，弗朗索瓦一世也对这种甜品深深地着迷，路易十四和路易十五则用它来款待外国使节和贵宾，这种习惯沿袭至今。

Papaver rhoeas - 罂粟科

纤柔美味

植物档案

一年生植物，
有时在庭园栽培，
可为二年生，
开红花，
花期为5月到6月。

四海为家

虞美人是一种路边常见的一年生花卉，还有必要详加介绍吗？确实，虞美人很寻常，但同样可能日渐稀少，至少在农业区如此——因为这种植物和矢车菊、麦仙翁一样生于麦田间，饱受现代农业滥施除草剂的威胁。但是虞美人却转而在城市自然界找到了生存空间，成为植物顽强抗争的典范。不管是校园还是公共绿地，小花四处播撒，落地生根，令人不由得赞叹！

渐渐地，虞美人摆脱了田间杂草的地位，跻身景观植物之列。其胶囊状的果实产出大量种子，播种于它而言，就如同倒瓶撒盐般轻而易举。

公鸡（coq）和虞美人（coquelicot）都有红色元素。

冷静之花

和其他罂粟科的植物一样，虞美

公鸡和虞美人

虞美人（coquelicot）和公鸡（coq）之间有什么关联呢？虞美人的花瓣和公鸡的鸡冠恰好都是红色的。虞美人的法语名字 coquelicot 来源于古法语 coquerico，是公鸡打鸣的拟声词。

人含有生物碱，具有轻度麻醉功效。几个世纪以来，人们使用虞美人的干制花瓣入药，取其镇定宁神之用。将虞美人拌入儿童米糊或奶瓶中，能够帮助安抚孩子。

此外，虞美人还能润喉止咳，可制成糖浆或含片。其花籽比罂粟花籽小，过去还被用于烤制香料面包。

血染红花

拿破仑时期战场上可以看见虞美人遍地绽放，随后在第一次世界大战期间，加拿大军医约翰·麦克雷（John Mccrae）又有了新发现。他根据自己在战争中的悲痛经历，写下诗歌《在佛兰德斯战场》，第一句就是“在佛兰德斯战场，虞美人随风飘扬”。

这恐怕会引人联想，这纤小纯洁的虞美人，会不会就是战场上的鲜血所浇灌染红的？而真相却并非如此。事实上，是佛兰德斯战场上的白垩土被炮火击散，骤然产生的石灰促进了虞美人的生长。而停战协议签署后，虞美人就开始越来越少了。

英国人对虞美人很有感情。

第一次世界大战后，美国人莫依纳·迈克尔（Moina Michael）佩戴虞美人来纪念阵亡将士。1920年，法国人盖兰（Guérin）女士引入了这种习俗，并做成虞美人布花用以出售，为战争孤儿募集善款。

如今，在第一次世界大战停战日，英联邦国都会佩戴虞美人以做纪念，这一天又称“阵亡将士纪念日”（Remenbrance Day）、“虞美人日”（Poppy Day）。我们知道第一次世界大战停战协定是在1918年11月11日11时正式生效的，法国也会于每年11月11日纪念第一次世界大战停战。

小镇花糖

过去虞美人被用于制作糖浆。1850年左右，法国小镇内穆尔（Nemours）的糖果商佛朗索瓦·艾蒂安·德瑟雷（François Étienne Desserey）首创了虞美人糖片。人们随即开始效法这种工艺。20

道听途说

古希腊神话中，得墨忒耳（Demeter）的女儿珀耳塞福涅（Persephone）被哈迪斯（Hades）绑架，得墨忒耳苦寻女儿而精疲力竭，要借助虞美人才能入睡。

据说在枕头下放些虞美人的种子就能做个好梦。于是，我试了一下，好痒啊！

法国传统歌曲《善良的虞美人》(*Gentil coquelicot*)脍炙人口，跟我一块合唱吧……

世纪 30 年代，这一方形的小糖果风靡一时，却大同小异，特色不再明显。幸而在 1996 年，内穆尔的虞美人糖又重新回到了人们的视线中。每年 5 月到 6 月就可以采集虞美人花瓣制糖了。

桉树

Eucalyptus sp. - 桃金娘科

长势惊人

植物档案

常绿树，数米高，幼态叶和成长叶截然不同，树木各处均有芳香。

桉树在法国

夏日的炎热会催生地中海地区的树种。当人们在科西嘉岛或地中海沿岸停留数日，必然会对南方桉树成荫、缕缕不绝的樟脑味留下深刻印象。桉树是地中海树种吗？可以这样说，但并不完全正确。事实上，桉树来自南半球的澳大利亚，却能很好地融入法国南方的环境，并且数量众多，让人以为这就是法国本土植物，至少也应是地中海沿岸植物。然而实际上，桉树一直到19世纪才引种到那里，时间并不算久。

詹姆斯·库克（James Cook），地中海很多观赏性植物的引种都归功于这位航海家。

最早的桉树种子，是在1770年到1780年由随同英国航海家詹姆斯·库克（James Cook）出海的植物学家带到地中海沿岸的。1803年，第一批桉树栽种于意大利和土耳其，后在1810年、1829年和1880年陆续来到法国、葡萄牙及西班牙。

法国医生尤金·博蒂匈（Eugène Bodichon）最早在1848年将桉树引种到阿尔及利亚，用以抵御疟疾。即便当时人们还不了解蚊子在传播疾病中的危害，但已经意识到了保持沼泽地的干燥能有效缓解疟疾。

桉树生长快，树木坚硬质优。在澳大利亚，其木材用途广泛，因此颇受欢迎。1885年，土伦的园林接收了第一批桉树种子，几年后，这一澳大利亚植物在阿尔及利亚引种，并持续生长。几年内，桉树种植数量就达到了一百万棵，现在还能看到那些树的后代。在西班牙，桉树树干被涂成白色，和热带国家一样。同样，葡萄牙和摩洛哥先后在1875年和1918年进行了桉树的首次大规模种植。最近法国南部的地中

海沿岸森林计划重新栽种桉树，因为该树种具有很好的防火功能。

桉树树形美观，
但也存在生态隐患。

适应林火

大部分桉树有块茎，在根茎部隆起，细胞中积聚大量糖。桉树和许多澳大利亚植物一样，可以适应干燥地区的林火，即使树木地面以上的部分遭到损伤，块茎处也能重新抽出新芽。

植物学小知识

桉树是澳大利亚本土植物，大部分来自塔斯马尼亚岛（Tasmanie）。该树种占澳大利亚林木的80%，可见其对南半球的重要性。桉树种类丰富，有多达600个到700个品种。这种常绿树木树高不一，可高达60余米。最高的一棵桉树于1872年被砍伐，那是一棵杏仁桉（*Eucalyptus regnans*），足有132米高，真是庞然大物！

有些树干单一笔直，树冠多叶，这一品种的主要用途是充当木材。还有的则在地上分为多个树干，形成十多米高的树丛，这种称为桉树丛林（mallees）。还有的长成仅几米高的灌木丛。

桉树与医药

引言中已经提到，当游客们在桉树树荫下漫步，闻着树木芳香，想必会联想到桉树制成的各种药品。他们会依稀记起香熏、糖浆，或是想到糖片和儿童用的大栓剂。此外，桉树的净化功能在澳大利亚也非常有名。墨尔本树林弥漫的怡人气味，能治愈轻度和中度的肺结核。在西班牙，人们用桉树叶泡茶来

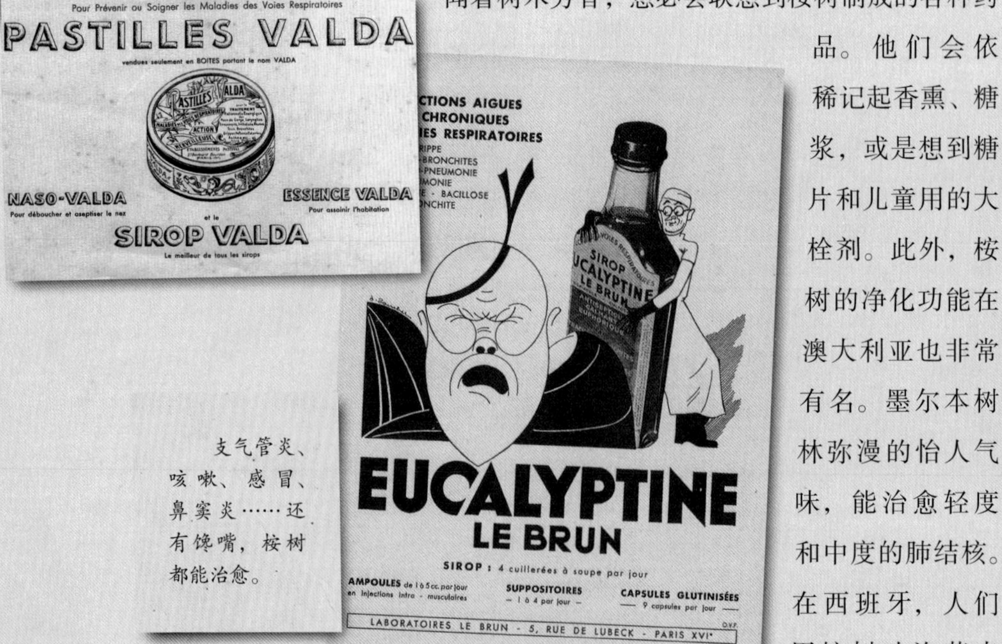

支气管炎、咳嗽、感冒、鼻窦炎……还有馋嘴，桉树都能治愈。

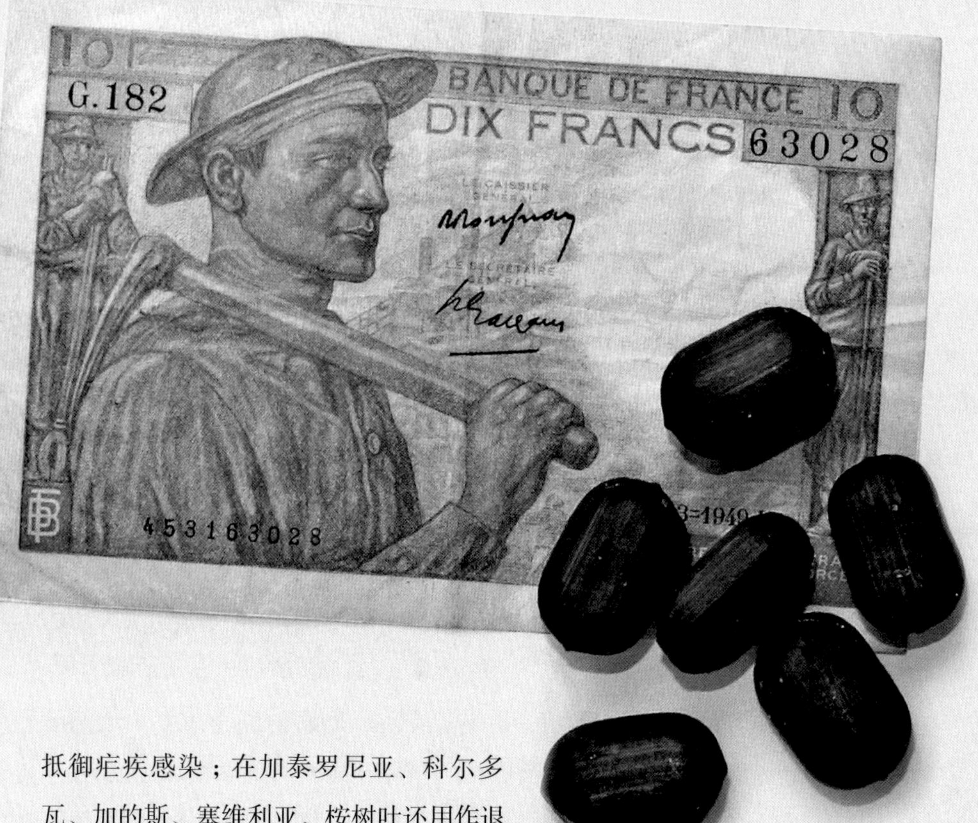

抵御疟疾感染；在加泰罗尼亚、科尔多瓦、加的斯、塞维利亚，桉树叶还用作退烧药。所以19世纪下半叶，科西嘉岛和阿尔及利亚会种植桉树，分别用以净化海岸沼泽地的空气，以及抵御疟疾。不过桉树预防疟疾的功能主要体现在它能够吸收水分，使潮湿地区保持干燥。

如今，澳大利亚大规模种植了数百万公顷桉树用以制造纸浆，但它却引发了当地的干旱，这是一个现实的生态问题。

桉树与糖果

桉树中富含桉树脑，因此能使呼吸清新畅通，同时略微刺眼。它会逐渐引入糖果制作也是有理可循。如今，以桉树为主要原料的喉糖和口香糖非常多，但其中有一种糖已流传数代，那就是“矿工喉糖”。这种糖呈黑色，就如同矿工的支气管一样，坚硬度也和他们坚韧的性格有几分相似。这种糖的雏形源于印度，在那里人们会使用植物提取物来清理支气管。1957年，法国糖果商乔治·韦尔坎（Georges Verquin）首创了“矿工喉糖”这一糖果品牌，立刻在北方引起轰动。

这个品牌故事可以引为经典营销案例，与其说是“科学”，还不如说是商业意识成为制胜关键，“矿工喉糖”的形状酷似煤球，这才是它的噱头所在。

梨果仙人掌

Opuntia ficus-indica - 仙人掌科

合法生意

植物档案

多年生多肉植物，
可丛生至3米至5米高。
茎有节，带刺，
果实呈肉质，
可食用，多种子。

朴素而慷慨

梨果仙人掌为仙人掌属，是仙人掌科的代表植物，有250个品种，原产于墨西哥。它和其他同类植物一样，茎多肉，遍布刺，令人生畏，有茎节，后来简称“仙人掌”。仙人掌会长成高5米、宽3米的灌木丛，生长环境为地中海周边的干燥乃至沙漠地区，它们逐渐适应了当地的自然环境，成为人们熟悉的风景。

仙人掌的果实可食用，肉质饱满，种子多，颜色从接近紫色到黄色均有，味甜。

这种植物畏冷，易冻裂，通常培植于地中海的园林，一为采摘果实，二为充当藩篱。不过仙人掌在这里还有另一个作用，它还是天然的染料。它的尖刺可以抵御捕食性动物侵害，介壳虫就能寄生在仙人掌上大量繁殖。

《圣经》中的糖果

摩西和希伯来人穿越沙漠时的天赐食物“吗哪”（manna），应该是生活在红荆上的介壳虫（Trabutina mannipara）的蜜露。在干燥地区，这种物质严重脱水，转变为糖的结晶。（来源：法国农业研究院）

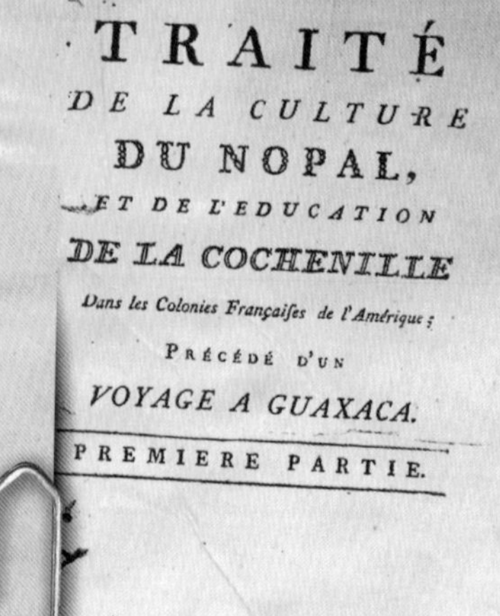

TRAITÉ
DE LA CULTURE
DU NOPAL,
ET DE L'EDUCATION
DE LA COCHENILLE
Dans les Colonies Françaises de l'Amérique ;
PRÉCÉDÉ D'UN
VOYAGE A GUAXACA.
PREMIERE PARTIE.

仙人掌在哥伦布之前并不为人所知，1535年西班牙历史学家贡萨洛·费尔南德斯·德·奥维耶多·伊·巴尔德斯（Gonzalo Fernandez de Oviedo y Valdès）在其《西印度历史》（*Histoire des Indes occidentales*）一书中首次描述了这种植物。

生产一斤染料需要7万只介壳虫。根据干燥方式的不同，颜色呈现橙色至深红。

墨西哥介壳虫

介壳虫为小型寄生虫，通常有坚硬的甲壳，很容易观察到雌性介壳虫伏在植物叶子或茎上的形态。这种昆虫存在数百个品种。

墨西哥介壳虫（*Dactylopius coccus*）带刺，寄生在仙人掌上，靠吸取汁液生存。为了防御其他动物的捕食，介壳虫会释放出胭脂红，而这恰好能成为一种深红色的染料。

中美洲和南美洲人很早就开始使用这种染料，用于布料、陶器、化妆品及食物的染色。公元400年前的织物上已经出现了胭脂红。西班牙征服者对仙人掌的这种特性非常好奇，也对介壳虫所产出的这种红色物质十分感兴趣。他们将仙人掌带回西班牙，培植于马拉加、加的斯地区，随后又于1626年栽种到加那利群岛。17世纪到19世纪期间，仙人掌是加那利群岛经济效益最高的作物，当

人们习惯上认为仙人掌出现在干旱地区，事实上只要精心培植养护，仙人掌就能够存活。

地也成为仙人掌的最大出口地。然而，1850年到1870年间合成染料的发现，使染料行业重新洗牌，胭脂红迅速衰落。而如今，公众出于健康考虑，重新将目光投向了天然染料。秘鲁现为胭脂红的最大生产国，占全球产量的80%。现在胭脂红再度回归人们的视线，它出现在甜品、糖果、香肠、冰激凌、酸奶、牙膏、口红中，这种添加剂编号E120，可能听起来不太美。

墨西哥国旗上就有仙人掌。

从昆虫到糖果

雌性介壳虫能产出大量胭脂红，提取量相当于其重量的20%。介壳虫先由人工高温捕杀，通过浸入热水，再经暴晒或火烤，使之略微干燥，减少1/3的重量。然后只要将其压碎就能获得提取物。磨碎的介壳虫还要在氨水或碳酸钠中煮沸，随后加入明矾，使红色铝盐沉淀，从而回收利用，最终制成胭脂红。

介壳虫的其他妙用

阿兹特克人、玛雅人、印加人也使用“aje”，这是一种柔软的黄色物质，来自2厘米长的大型介壳虫的脂肪。它可以用于木船、陶器和其他容器的防水，不过主要还是用于面部油彩。此外，它还能入药，可镇痛和防风寒。

红色糖果

我还记得童年时吃完红色糖果，唇舌上颚和嘴边全都染成了红色。当时还没有消费者维权机构，添加色素也没被横加指责。贪吃者不问有无色素，也不问那是来自何处。我母亲曾明令禁止我吃那种圆形的红色棒棒糖，用力舔一口，里层还会透出荧光绿色。“这可是毒药！”如果真是这样，那我的小伙伴可能无意识就服了毒，不幸者终有一死吧！我们或许可以对这种经验主义的教训一笑置之，事实上只有编号E122的色素偶氮玉红（cramoisine）受到了限制，现已在很多国家禁用。说到底还是得感谢妈妈。

“素食协会”（Vegetarian Society）未免有些夸大其词。他们居然声称，加入胭脂红的糖果“聪明豆”也不能食用，因为那可是用墨西哥介壳虫做成的。[来源：2004年《晚间新闻》（*Evening News*）]

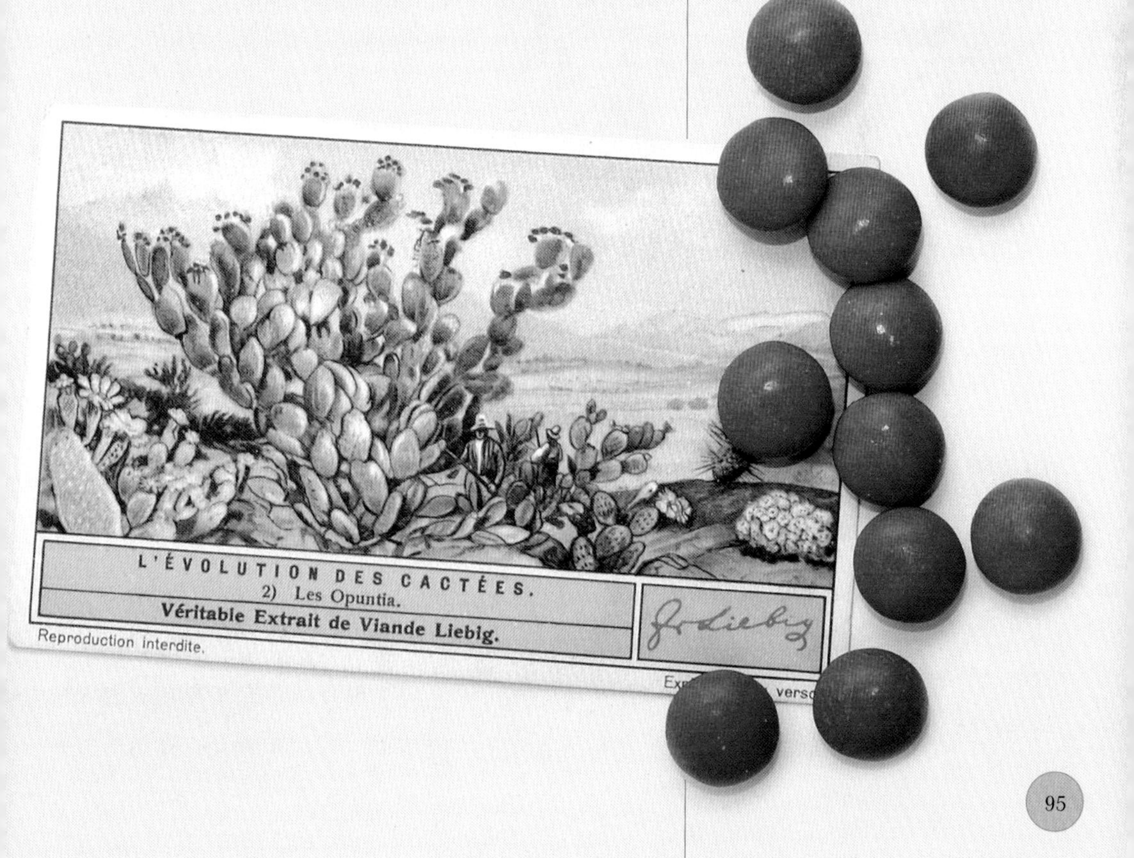

草莓

Fragaria vesca, F. moschata, F. virginiana, F. chiloënsis - 蔷薇科

草莓驾到

植物档案

多年生草本植物，
生匍匐枝，
高20厘米到40厘米，
4月至6月开白色小花，
之后结“果”，通常为红色。

野草莓

昔日野生小草莓如何演变成今天市场上饱满多汁的大草莓？这是我们需要了解的问题。野草莓（*Fragaria vesca*）天然生长于林下灌木丛，在欧洲史前已发现食用草莓的记录。古希腊时代，草莓主要充当药用植物，作为水果只是锦上添花。直到中世纪，其功能才发生扭转。

从16世纪开始，另一种野草莓——麝香草莓（*Fragaria moschata*）取而代之。这种草莓在德国、比利时培育，在法国、意大利选种，后被驯化为庭园植物。新大陆的发现又带来了其他草莓品种，如覆盆子草莓、杏子草莓、凤梨草莓等。

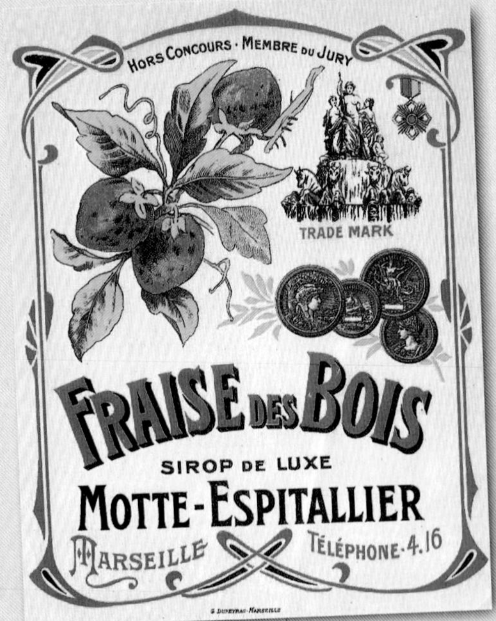

一段芳香传奇
始于林下灌木丛。

现代草莓

1534年到1541年，法国探险家雅客·卡蒂埃（Jacque Cartier）航行至加拿大，带回了弗州草莓（*Fragaria virginiana*），这一品种果实巨大饱满，口味也更为芬芳，在加拿大林下灌木丛中较多见。直至19世纪，人们一直种植的是这一品种。但现代草莓的发现者却另有其人，他就是法国军事工程师阿梅代·弗雷齐耶

（Amedee Frezier）。1712年，他来到智利，在当地市场上发现了一种白色的草莓。他带上这五株智利草莓（*Fragaria chiloensis*），于1714年8月17日回到马赛，然后把它们一一分发出去，自己就留了一株带去了布雷斯特（Brest）。但他忽略了这些草莓的性别不同，其中有雄性的，也有雌性的，还有雌雄同株的。1740年，一株美国佛罗里达州的草莓意外地传粉给了智利草莓，使之成了最早的杂交草莓，人们称之为“大草莓”（*Fragaria* × *ananassa*）。

草莓之乡普卢加斯泰勒

布雷斯特的小镇普卢加斯泰勒（Plougastel）随即开始培育草莓，而不再种植亚麻，草莓也逐渐成为当地特产。那里温和的海洋性气候十分接近智利草莓的原产地，黏土土壤也很适合草莓生长。这个小镇由此成为首个大规模种植草莓的地区，并始终保持着这一优势地位。

根据历史记载，“那里种植了成片的草莓田，所产草莓与其他地方不同，叶子更圆，茸毛更密，果实大如核桃，有时甚至堪比鸡蛋”。

由于普卢加斯泰勒拥有产销草莓的传统，布雷斯特人近水楼台先得月，成为草莓的主要消费群体。而在1854年，莫尔莱（Morlaix）的一个商人率先将一部分草莓卖给了英国人，为后来的草莓种植者拓宽了

要记住草莓真正的果实是布满草莓表面的“小点”，我们平时食用的主要不是它的果实，而是花托变大的部分。

普卢加斯泰勒依靠草莓获得发展。

销售渠道。1865年，巴黎—布雷斯特铁路开通，促进了布列塔尼农业的发展。各种水果通过铁路运输到圣马洛（Saint-Malo），然后再通过航海运往英国南安普顿，就这样，布雷斯特和莫尔莱收获的一部分草莓搭上了停泊在勒阿弗尔（le Havre）的货船，驶向了英国。

19世纪末，草莓种植如火如荼，这个势头一直延续到第一次世界大战期间。如果没有1932至1937年间的高额关税壁垒，法国普卢加斯泰勒地区和英国之间将始终保持稳定的贸易往来。

草莓的起落

第二次世界大战后，由于缺乏生产技术上的推进，农业研究跟不上种植的发展步伐，加之劳动力资源匮乏，草莓市场面临窘境。为了改变这一状况，1996年6月7日，“草莓复兴”计划启动，1997年，普卢加斯泰勒创办“草莓文化遗产博物馆”，这在法国是绝无仅有的。从大区到省再到市镇，在各级部门的推动下，草莓发展重现生机。

妙手园艺师

路易十四的皇家园艺师拉·昆提涅（La Quintinie）是真正的凡尔赛宫菜园魔术师。他惊人的技艺使酷爱草莓的“太阳王”大饱口福，甚至到了御医要限制其食量的地步。拉·昆提涅还把草莓埋在地下，盖上厚厚一层稻草保护起来，这样从1月到开春，国王的餐桌上都有草莓供应。

盘点普卢加斯泰勒草莓

普卢加斯泰勒出现了很多草莓变种。先是著名的智利白草莓，然后是1919年从英国进口的皇家草莓（英国人称其为*Royal Sovereign*），一直到1925年都很风靡。20世纪40年代，“穆多夫人”（Madame

Moutot）这一品种开始兴起，占当地种植面积的 1/4。而现在最有名的品种则是“盖瑞格特”（*Garriguette*）。

在化学合成的草莓香料出现之前，美食家们深深懂得园子里天然草莓的妙处。

哒哒糖，不是草莓，胜似草莓

本书中有多处提到哈瑞宝（Haribo）这家著名糖果公司。这个品牌的糖果是我童年的回忆，它也陪伴了我的孩子成长，直到现在，孩子们还会拿出哈瑞宝糖和我分享。1920 年哈瑞宝由汉斯·瑞格尔（Hans Riegel）于德国创办，公司名 Haribo 来源于创始人的名字和其家乡波恩（HAns RIegel BOon）。除了大名鼎鼎的“小熊软糖”，哈瑞宝还于 1969 年带来了哒哒糖（Tagada）。这颗裹着糖衣的甜美棉花糖，满溢草莓的馥郁芬芳，在法国谁人不知？而哒哒糖的名字则是当时销售经理的创意，来源于夜总会回旋不绝、“哒哒琤琤”的乐曲声。哒哒糖美味可口，每年在法国都要卖出 10 亿多颗！

药蜀葵

Althea officinalis - 锦葵科

柔和至极

植物档案

多年生植物，
地下根部生出长达
0.6米至1.5米的茎，
多处有茸毛，
根部有黏液，
夏季开花。

野生之草

药蜀葵来自公元前的亚洲大草原，在欧洲生长，它很快就适应了当地的气候。在西班牙、丹麦、英国、俄罗斯、乌克兰，以及亚洲气候温和的地区，包括土耳其和中国，还有北非的一些国家和地区都能发现这种植物。在查理大帝（Charlemagn）颁布的《庄园敕令》（*capitulare de Villis*）中，它被列入有益植物的“官方名录”，并长期培植于修道院花园。然而，药蜀葵“不安于室”，还野生于乡村。

药蜀葵为大型草本植物，有茸毛，可以长到1.5米高。叶分裂、呈锯齿状，灰绿色。它是多年生植物，根部生芽，长成数条茎。生长于潮湿乃至沼泽地区、河岸边和透气性土壤。常见于法国西部海岸边及沿海牧场。

根部可食用。

传统用途

药蜀葵是一种欧洲传统药用植物。它有很强的药用价值，据说它的法语名字guimauve来自*bis malva*（意为“双倍蜀葵”），意在强调其药效显著。药蜀葵首先具有润滑、软化、舒缓的作用，能抑制黏膜炎症、胃酸，缓解溃疡和胃炎。其中富含黏液，是很好的通便剂，同时也能减轻干咳、哮喘、支气管炎。因此，药蜀葵先是做药用，后才制成糖果。

药蜀葵各处富含黏液，包括叶、茎，特别是根部。而这种黏液其实是一种由多糖构成的植物成分，遇水会膨胀，形成类似明胶的黏性物质。

药蜀葵的制品

药蜀葵从根、叶，到花乃至果实的各个部位都有黏性，不过过去主要利用其根部制成糖浆、软膏和糖片。新鲜根部去皮切段，在水中浸泡以去除黏液。然后加入糖浆，在糖水中煮沸。之后可以进行后续加工，一般会在药蜀葵中调入橙花水以增加香味。

药蜀葵在用来制作瓶装糖果之前曾是一种药用植物。

停止造假

只有那些根部为白色且裂口洁净的药蜀葵可以入药。但在制售药蜀葵药物食品的历史上，掺假现象始终存在。很多不法商贩用石灰或酸将次等的药蜀葵根部染成白色，或索性用其他相近的植物调包，比如花园常见的装饰木槿花。

“药蜀葵糖”中无药蜀葵

如果让您列举几种“药蜀葵糖”（法语中“guimauve”也有“棉花糖”的意思。——译注），您一定会列出长长一串。但是您搞错了：现在所谓“药蜀葵糖”，根本不含任何药蜀葵！如今的 guimauve 糖实为混合了糖、玉米糖浆、蛋白、明胶和香料，压制成海绵质感的棉花糖。19 世纪末，美国糖果商率先通过模具生产出了棉花糖，英语称 marsh-mallows。1948 年，美国人阿历克斯·杜马克（Alex Doumak）发明了一种在长管中将棉花糖挤压成型的生产方式。现在，套管压制的棉花糖经过切割，在糖块表面滚上糖粉和玉米淀粉，这也是品尝棉花糖的乐趣所在。

药蜀葵糖片和软膏制作工艺大致相同，将药蜀葵根部磨粉，加入糖，再添加西黄蓍胶，使材料充分融合。到 19 世纪，药蜀葵的种植遍及巴黎各个地区，包括梅尼蒙当、贝尔维尔等，其中蒙马特的药蜀葵最有名。

迷人的药蜀葵花。

药用纤维

为了安抚磨牙的婴儿，过去人们会让孩子嚼一块药蜀葵的根，或者在他们的牙上抹上药蜀葵粉。而在面向成人的商品方面，19 世纪则出现了一种用药蜀葵的根部制成的牙刷。

纸纤维

纸品业总是力求寻找各种造纸的原材料。19 世纪，法国生产出了特有的药蜀葵纸，这种纸品质上乘，透明度高，可用于描画。

纺织纤维

过去法国纳博讷地区和西班牙培植药蜀葵，为了物尽其用，人们提炼出一种可与大麻纤维相比拟的纺织纤维。这种纤维主要用于粗制纺织品，同时也见于高品质织物。另外还有两种蜀葵纤维也曾用于纺织品，一种是麻叶蜀葵（*Althea cannabina*），另一种是纳博讷蜀葵（*Althea narbonensis*）。但是，蜀葵纤维编织的缆绳不够坚韧，现在仅用于造纸。

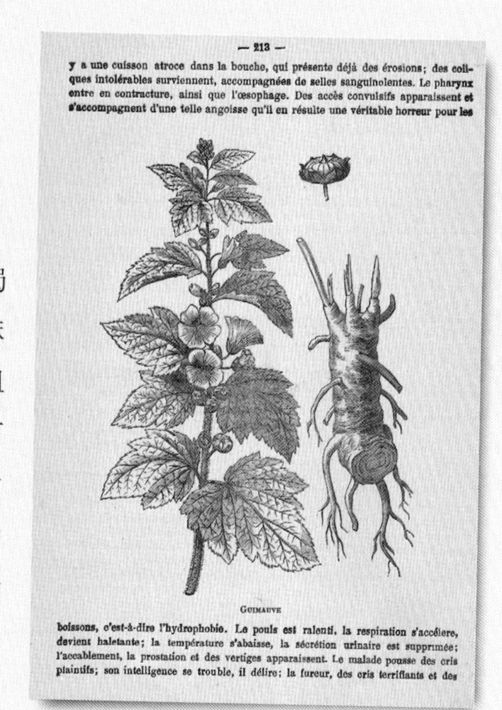

— 213 —

y a une cuisson atroce dans la bouche, qui présente déjà des érosions; des coliques intolérables surviennent, accompagnées de selles sanguinolentes. Le pharynx entre en contracture, ainsi que l'œsophage. Des accès convulsifs apparaissent et s'accompagnent d'une telle angoisse qu'il en résulte une véritable horreur pour les

GUIMAUVE

boissons, c'est-à-dire l'hydrophobie. Le pouls est ralenti, la respiration s'accélère, devient haletante; la température s'abaisse, la sécrétion urinaire est supprimée; l'accablement, la prostation et des vertiges apparaissent. Le malade pousse des cris plaintifs; son intelligence se trouble, il délire; la fureur, des cris terrifiants et des

药蜀葵的根部是其灵魂。

甜瓜

Cucumis melo - 葫芦科

意大利奇瓜

植物档案

一年生植物，
具2米长匍匐茎，
叶长15厘米到20厘米。
5月到9月开金黄色花。
果实为圆形，
有的呈椭圆形，
果肉为橙色，味美。

追根溯源

“葫芦科”这个名字总会让植物学外行发笑。而甜瓜正是葫芦科植物。要追根溯源非常难，因为“葫芦”这个词现在仅指代单一的蔬果，而在古时记载里，“葫芦”指代的是黄瓜、西葫芦和其他各种葫芦。甜瓜可能起源于非洲西部，随后进入亚洲，扩展到小亚细亚半岛，之后来到欧洲。甜瓜的栽培史超过4000年。博物学者普林尼曾描述过一种种植于那不勒斯的甜瓜，认为它和圆黄瓜的区别在于香气、颜色，但主要是味道。他将这一形似巨型土豆的新生水果命名为*melopepo*（拉丁语为*melo*）。

甜瓜畏寒，种植之初就需要更多热量。

植物学家查尔·诺丹（Charles Naudin）对葫芦科植物进行了分类，1860年又对其重新进行排序。通过他的研究，我们得以了解欧洲甜瓜的发展脉络。欧洲甜瓜主要起源于意大利，从亚美尼亚引种进入。修道院的修士在罗马周边的教皇夏季别墅地坎塔卢皮（Cantalupi）附近种植改良了甜瓜，去除了其中的苦味。1495年，征战归来的查理八世带回了甜瓜，当时取名为“罗马甜瓜”（melon cantaloup）。与此同时，教皇还将罗马甜瓜带到了法国南部，阿维尼翁教宗领地（comtat Venaissin）。此后，这种表面带网纹的大型瓜果相继进入图赖讷（Touraine）和安茹（Anjou）等地（两地均为法国历史上的行省。——译注），后来又到了夏朗德省（Charente），随后北上进入布列塔尼。在此期间，甜瓜通过杂交产生各种“变种”，或通俗称为品种。比如现在就能区分出卡瓦永甜瓜（melon de Cavaillon）、夏朗德甜瓜（melon Charentais）等。

惊人的甜瓜

一想到甜瓜种植，我们就会意识到田里种的甜瓜和餐盘中的瓜果是不同的。有些甜瓜非常大，足有5公斤重，表面凹凸不平，呈扁圆形。有的甜瓜有明显的瘤状凸起，瓜皮为深绿色，几近黑色；还有的则恰恰相反，瓜皮为浅色，有斑点或泛银光。即使是同一品种，也因培植条件不同而存在巨大差异。罗马甜瓜很快有了很多变种，如卡斯泰勒诺达里（*Castelnaudari*）、佩皮尼昂（*Perpignan*）、凯尔西（*Quercy*）、佩泽纳（*Pézanas*）、罗第丘（*Côte-Rôtie*）等。

20世纪60年代之前，人们还种植了各种奇怪的甜瓜。由于大家对古代早期蔬果的“念旧”，如今还

甜瓜的变种是有待发掘的宝藏。快来探索奥秘吧！

起初甜瓜是在钟形罩下生长的，所以现在我们把圆顶硬礼帽称作 chapeau-melon（从构词上解释就是“甜瓜帽子”。——译注），而不说 chapeau-cloche（“钟形罩帽子”）。

人如甜瓜，千里方能挑一。（民间谚语）

能发现一些早前的甜瓜变种。

了解雷恩小香瓜

18世纪时，菲尼斯泰尔省（Finistère）以种植大甜瓜闻名。19世纪，普卢加斯泰勒（Plougastel）地区（以蔬菜和草莓种植而享有盛誉）继续种植甜瓜，供给巴黎市场。两次世界大战之间诞生了一种叫作“雷恩小香瓜”（le Petit Gris de Rennes）的小甜瓜，重500克到700克，圆形，表面光滑，略有茸毛，呈青褐色、微微泛蓝，周身布满小白点。果肉为明亮的橙色，柔软甘甜，香气四溢，但其果皮却很薄，显得比较脆弱。

历经几代园艺种植，这种小甜瓜始终广受好评，销路并不局限于法国西部市场。20世纪70年代，雷恩小香瓜的年产量是400吨左右，而如今这种瓜果大幅减产，仅有30余吨，可以说已十分稀少。但其后续发展依然是乐观的，因为现在越来越多园艺爱好者开始种植这一品种，同时这种瓜果必须在采摘当日食用，为此也应鼓励个人种植。

同样地，经过各方的关注和努力，人们已经为雷恩小香瓜颁行质量宪章，它也受到了一级市场的认证，或许将来还会获得A.O.C（原产地命名监控）认证，那将是莫大的荣誉！

艾克斯卡里颂杏仁糖

除了糖渍甜瓜，人们很难想象甜瓜还能出现在什么甜品中，似乎没有

哪种棒棒糖、糖片或是口香糖中含有甜瓜。可千万别忘了，“艾克斯卡里颂杏仁糖”[卡里颂糖中的坚果应为“扁桃仁”(amande)，因约定俗成，这里译作“杏仁糖”，具体说明详见本书“扁桃”章节。——译注]中的甜瓜就很值得称道，只不过总是被坚果抢去了风头。这种甜品诞生于1454年国王勒内（René d'Anjou）与拉瓦尔的让娜（Jeanne de Laval）的婚宴上。据说国王的糖果师用这道新奇的甜品打动了脾气倔强的皇后。他用普罗旺斯方言介绍说“Di calins souns”，法语就是“ce sont des câlins”（这是甜蜜相拥），它的名字“calisson”由此而来。还有一种推测是说卡里颂这个名字的词源来自于教会。过去，这种软糖作为圣餐，每年在艾克斯圣母院分发三次，神甫对信徒念道“venite ad calicem”（来领受圣餐杯），翻译成普罗旺斯语就是“venes touti au calissoun”。或许有人记得，1630年瘟疫暴发期间，卡里颂糖就曾作为圣餐分发给人们以对抗疾病。

探秘卡里颂糖

根据艾克斯卡里颂糖制作协会责任条款，卡里颂糖由产自地中海沿岸的甜扁桃（32%，也可选用苦扁桃），混合蜜饯（30%），混合蜜饯中普罗旺斯产的甜瓜至少占80%以上，其他水果可为甜橙、柠檬、橘子、桃子和杏子；糖的表面裹上糖霜和蛋白粉，香草、橙花和柠檬汁等香料可选择添加；最后以未发酵面饼为底座制作完成。其圆角菱形的形状和体积都有系统规定。

薄荷

Mentha sp. - 唇形科

药草转型

植物档案

多年生草本植物，叶常绿，叶片及植物其他各处均有芳香。

在食品、化妆品和医药领域应用最广泛的是胡椒薄荷。在口香糖和药膏中也使用唇萼薄荷（学名 *Mentha pulegium*）和留兰香（*M. spicata*）。

薄荷无处不在

薄荷绝对是使用最多且最古老的药草之一。在中国古代，多种薄荷都是重要的药草。在埃及古墓中就有使用薄荷的遗迹，古罗马人，包括更早的古希腊人，也都广泛使用薄荷。

17世纪末，完整翔实的薄荷记载首现于英国，辣薄荷（Mentha piperitis sapore）当时被收入了伦敦的官方药方名录中。从此以后，薄荷的使用不断得到推广，还以医疗的名义被摆进了糖果柜台。

薄荷遍布世界各地，有超过25个品种，几百个变种，又因杂交不断产生新变种。这些都是草本植物，能长到几十厘米高，一般为多年生，有时为一年

“冰薄荷”（Glaciale）是一种温和的开胃酒，一度受到孩子们的追捧。

生，可以沿着茎持续生长。有人认为薄荷是入侵植物，其实并非如此，通过对一平方米花园的延时摄影监控，可以发现薄荷茎在生长过程中会中途消失不见，然后在远处重新生长。

薄荷比征服者更爱迁移。植物各处都有芳香，尤其是叶子，含有多种芳香成分，其中的薄荷脑使之散发出无可比拟的气味。在某些品种中，胡薄荷酮或香芹酮又会带来味道上的细微差异。

康布雷憨憨糖

“康布雷憨憨糖”（la bêtise de Cambrai）

来几滴薄荷酒，一扫晕车之苦。

著名的英国辣薄荷（Peppermint），又名胡椒薄荷，学名 *Mentha x piperita*，其变种米查姆薄荷（Mitcham）最有名，得名于其产地英国萨里（Surrey）的米查姆，这种薄荷香味很浓，能强效抗菌。

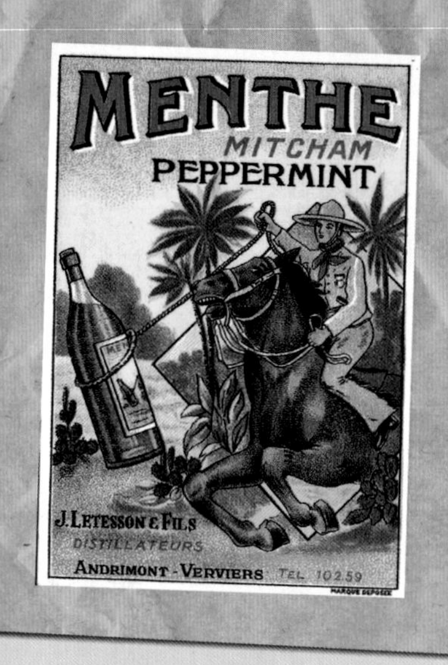

（原意是康布雷蠢事。——译注）属于美食遗产，这个名字背后的糖果诞生史却有多个版本。比较确定的是它的起源：1830年前后首创于加来海峡省康布雷的糖果店阿弗什安（Afchain）。

此后各个版本的描述就大相径庭了。通常说法是这家的儿子埃米尔·阿弗什安（Emile Afchain）弄错了糖和香料的剂量，糖膏的搅拌程度也不够，因而比以往更疏松。“你就知道干蠢事。”他的母亲怒不可遏地朝他吼道。那时人们丝毫不舍得浪费，于是次品糖果也散装销售了出去，谁知无心插柳却大受欢迎。

另一个版本更多见于书面记载，但不太戏剧化。说的是每月24日人群聚集在康布雷的集市。男人们就要趁此机会干些“蠢事”，包括大肆消费（在我看来的确算桩蠢事），比如去买那些现做现卖、当场切块零售的糖果。为了提升风味，糖果商阿弗什安最先在糖中加入米查姆薄荷，并且捶打糖膏，使之更加轻盈，最后画龙点睛地配上棕色焦糖条纹，现在这种条纹已成为康布雷憨憨糖的标志。

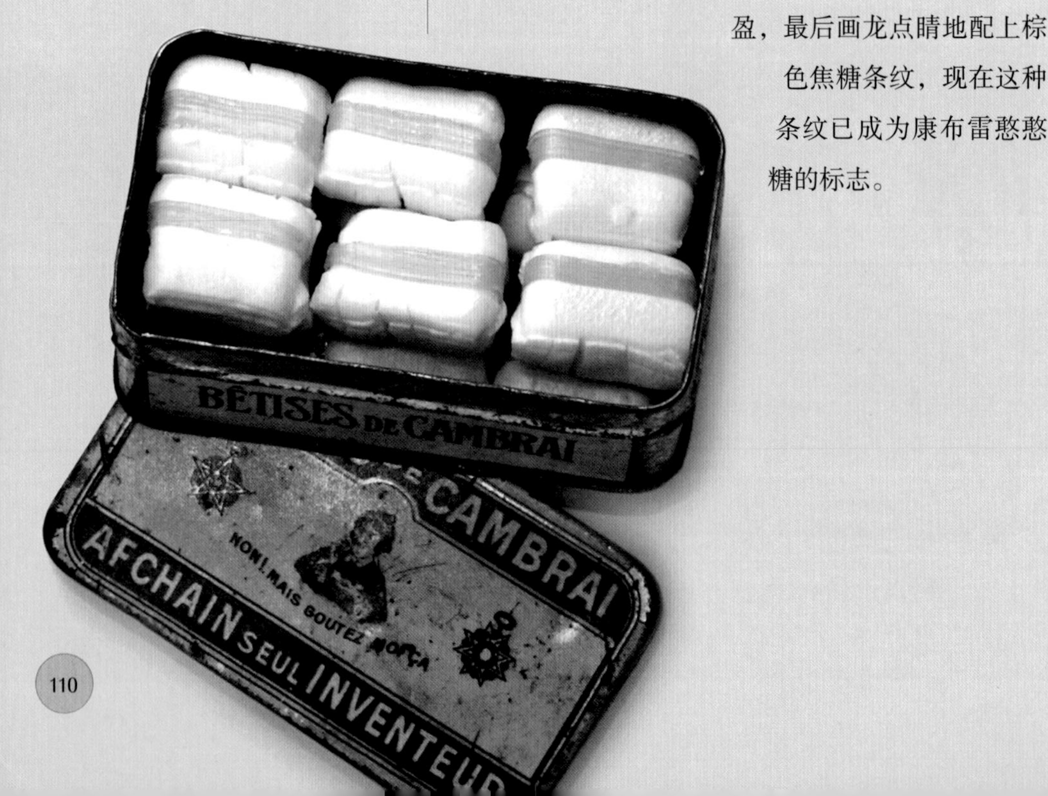

最初，吸烟人士用薄荷来清新口气，而异曲同工的是，1950年爱德华·阿斯（Eduard Haas）发明了一种薄荷糖片包装盒，和打火机一般大小，方便手持。

皮礼士糖（le PEZ）

拇指一按盒盖，白色的糖果瞬间弹出。来不及了，上当了！那就顺势来一探究竟吧。

有谁不曾把玩过皮礼士糖的盒盖？这种酷似打火机的小盒子是爱德华·阿斯1927年在奥地利维也纳发明的。PEZ这个奇怪的名字其实是Pfefferminz（辣薄荷）的缩写，就是因为其中加入了辣薄荷这种香料（看吧，用首尾字母再加一个原音作为缩写，念起来顺口多了）。

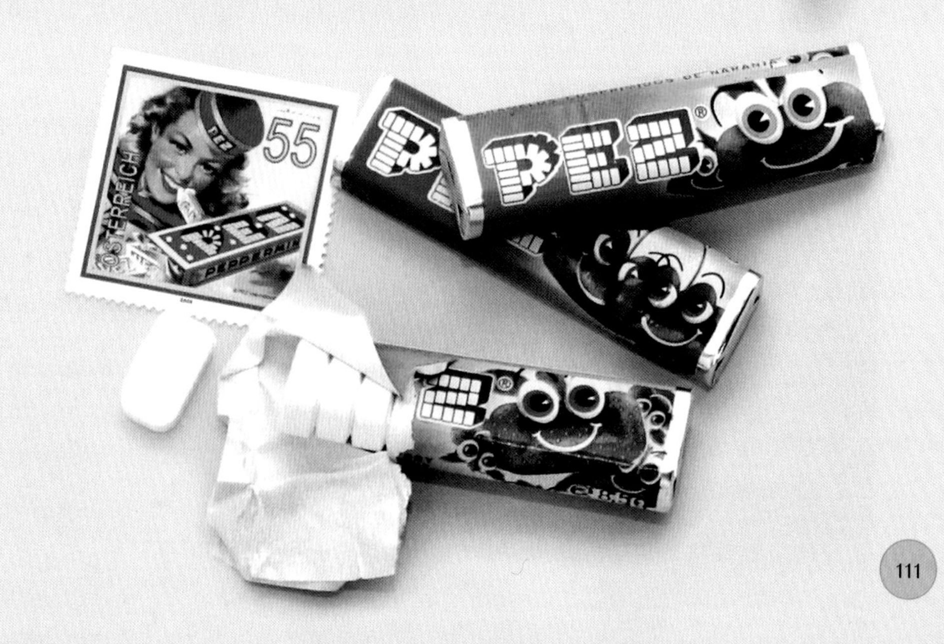

甜橙

Citrus sinensis - 芸香科

甜蜜柑橘

植物档案

4米到6米高的常绿树，
气味芳香，
白色橙花香气馥郁，
花期为4月到7月，
采摘期为11月到次年6月。

橙花因其甘甜而被用于制作甜品和香水。

恍如人间天堂

自古代起，柠檬树（当时还没有“柑橘”这种说法）就让人浮想联翩，它象征着地中海沿岸温暖国家的甜蜜气息。人们含糊地称其为橙树或柠檬树，而原来的柠檬树在《圣经》中是希伯来人祭祀所用的枸橼树。之后，12 至 14 世纪有资料记载，橙树所指代的其实是苦橙树或称酸橙树。所以要说清楚柑橘的历史并不容易。

橙树和柠檬树是很好的装饰物，它们的果汁和花朵的提取物也可以入药。随着糖在 14 世纪传入欧洲，甜橙和柠檬也被制成果酱，迎来了繁荣时期。当时橙树经由十字军登陆伊埃雷港口而进入普罗旺斯。1566 年，查理九世在旅行游记里提到“橙树、棕榈树和胡椒树如同森林般密布在城市周边”。其实当时尼斯郊外也是如此。

橘园

甘甜的橙树虽会引人遐想，但它的受宠却只局限于温暖地区。长期栽培一种无法适应新环境的外来物种，依靠的是大量的技术支持，这就形成了“橘园”，或称“橘园温室”，在那里脆弱的植物可以得到培植和保护。首先在大箱子里栽种植物，再放入地窖，入冬前耕翻。这样植物可以勉强过冬，但并不太强壮。因此，人们决定用柴火加热。农学家奥利维耶·德·赛尔预言了橘园的诞生。当时路易十三在凡尔赛宫栽种的橘园最负盛名，甚至在欧洲也屈指可数。当时主要的加热方式还是用柴火，技术虽在进步但远未达到将热虹吸用于温室栽培的程度，从温室栽培技术发展的角度看，橘园真是功不可没。

还有一种重要的柑橘也被广泛应用于糖果制作，那就是柠檬——尽管多以合成形式出现。柠檬是12世纪由葡萄牙人和从巴勒斯坦东征归来的十字军引种进来的。

柑橘原本是苦味的，无法与甘甜的橙子相提并论。

碧蓝橙皮酒

库拉索酒（curaçao）是加入荷兰库拉索群岛所产的苦橙皮制成的利口酒。分为白橙皮酒（curaçao triple sec，40°）、橘橙皮酒（curaçao orange，40°）和蓝橙皮酒（curaçao bleu，25°），它们被用于鸡尾酒的调制。

1953年，为了致敬里昂丝织工人，一种名为“里昂蚕茧糖”（cocon de Lyon）的特产应运而生，它是以库拉索风味的杏仁软糖为基础制成的。

各类甜橙

甜橙有各种品种，有些主要用于榨汁，有些可以直接食用。我们至少要了解几个主要的品种，当然，它们还有不计其数的变种。脐橙（Navel）可以通过果顶凸起的脐来辨别，橙子瓣较小，通常偏干，偶尔多汁。还有黄橙（Blonde）可直接食用。而血橙

过去除了橙汁，还有很多夹心糖里都能尝到甜橙果肉。

橙树种植区从蔚蓝海岸的芒通一直延伸到土伦。

（Sanguine，比如突尼斯的品种）则非常多汁，果皮和果肉呈红色。

苦橙和甜橙可能会混淆，其实两者并不同，苦橙又称酸橙，学名 *Citrus aurantium*，主要用于装饰南法的花园。其果肉多用于制作英国橘子酱，甜橙葡萄酒及其他家常食谱。最长寿的橙树名为“陆军大统帅”（le Grand Connétable），它跨越了几个世纪，自 1421 年在凡尔赛宫播种以来，直到 1894 年才结束生命。

许多甜品糖果都带着甜橙的果香，但说到甜橙，我们最先想到的还是一瓣瓣的果肉，柠檬因酸度过高，其果肉远不及橙子甜美。

阿月浑子

Pistacia vera - 漆树科

地中海果树

植物档案

阿月浑子，
落叶灌木或小乔木，
4米到8米高，
生长于地中海地区干燥土壤。

雌雄异株

阿月浑子（俗称开心果。——译注）原产于中东叙利亚，在公元纪年之初由罗马执政官卢修斯·维特里乌斯（Lucius Vitellius）引种到地中海西岸。阿月浑子分为雄性树株和雌性树株，是雌雄异株的植物。1702年，法国植物学家约瑟夫·皮顿·德·杜尔科那（Joseph Pitton de Tournefort）播种了一些从中国带回的阿月浑子种子，在巴黎自然科学博物馆种下一棵雄性树，我们今天还能在馆内的高山植物园一角中看到这棵树。人类自古就能改进某些植物的结果状况，埃及人就曾在椰枣树上撒下花粉；在安那托利亚，人们也会在无花果树上撒花粉（无花果的授粉更为复杂，不过那是后话了。）

杜尔科那是对乳香树（希腊希俄斯岛乳香树享有盛誉）所产乳香进行详细描述的第一人。

1718年，法国植物学家塞巴斯蒂安·瓦扬（Sébastien Vaillant）发现这棵巴黎的阿月浑子树每年都开花，但从未结果。巴黎的另一棵阿月浑子也是同样的情况。于是塞巴斯蒂安·瓦扬就取样了一条雄性树的树枝，在雌树旁晃动这条树枝，结果当年就结出了果实。纪念铭牌上记录下了植物雌雄异株发现的过程。

注意！如果在马赛，有人把你比作“阿月浑子”，你可别以为这是溢美之词而扬扬得意。在马赛方言里，这个词是“好色之徒”的意思，你是被警告了。

阿月浑子果实累累。

塞尚的阿月浑子

《阿月浑子》并不是保罗·塞尚最著名的画作，法国民众可能也无缘得见，这幅画现由芝加哥艺术学院收藏。1834年，一棵雌性阿月浑子树由君士坦丁堡引进法国，栽种于靠近普罗旺斯地区艾克斯的勒托洛内（le Tholonet）附近的黑堡（Château Noir）庭园中。而塞尚于1898年到1906年间恰好居住在这里。这棵阿月浑子古老的树枝始终挺然屹立。这棵树通过芽接栽培又生长出许多小“塞尚树”，其中一棵就种植于巴黎，离当年杜尔科那种下的那棵树不远。

其他相关树种

法国南部的灌木丛和密林树种丰富，有两种漆树科的树木繁衍众多。

乳香黄连木（*Pistacia lentiscus*）是一种高4米到6米的常绿灌木，其叶坚韧，有光泽。同样是雌雄异株，雌性花朵先为红色，后转为黑色。在希腊希俄斯岛（Chios），人们会采集这种树的白色树脂，所以这种树又名“乳香树”，可用于化妆品、医药和食品业等。

阿月浑子可以制作开胃酒，是过去流行的饮品。

红脂乳香树（*Pistacia terebinthus*）是一种高3米到5米的落叶灌木，春天叶绿，秋天则为火红色。同为雌雄异株，结出的小果实可食用，但口味一般。产

奥利维耶·德·赛尔
（1539-1619）

他是研究农业科技的先行者。他将许多植物引进了阿尔代什省，并试验了多种应用技术。他引进的植物包括茜草、蛇麻、玉米，而蚕茧的发展也与他密不可分。早期他还曾尝试从甜菜中提取糖。

1600年，他出版了《园景论》（*Le Théâtre d'agriculture et mesnage des champs*）一书，其中囊括了大量农业知识。

出的树脂可作防腐剂，也用于制作糖果，不过最著名的还是它产出的松节油。

牛轧糖的历史

恐怕古人也知道牛轧糖（nougat），至少会对以蜂蜜、香料和干果制成的糖果有所耳闻。人们普遍认为牛轧糖的名字来源于 *nux gatum*（gâteau de noix，坚果糕）。法语中的 noix（Noix 在法语中意为坚果、干果，现也可特指胡桃。——译注）过去指代各种干果，包括扁桃、榛子、胡桃等。从这个意义上说，加入扁桃仁的糖衣果仁也可算作坚果糕。16 世纪，大马士革的糖果商可能是最先在牛轧糖中加入了阿勒颇的开心果。而在 1701 年，勃艮第公爵和贝里公爵访问蒙特利马尔（Montélimar）时，“牛轧糖”这个词才首次被引用。当时他们每人都获赠了两公担果酱、一公担白色牛轧糖。1714 年，据记载，蒙特利马尔曾向波斯大使赠送 20 斤牛轧糖。[引自克洛德·穆勒（Claude Muller）的《多菲内秘闻》（*Les mystères du Dauphiné*，2001）一书。]。

17 世纪时，牛轧糖还是普罗旺斯的特产，马赛占据着垄断地位。著名植物学家奥利维耶·德·赛尔在阿尔代什省种植了大量扁桃，于是那时蒙特利马尔的牛轧糖取代了马赛的牛轧糖。而白牛轧糖（添加了蛋白，故此得名。——译注）则是后来兴起的，起源于 19 世纪。

NOUGAT DE MONTELIMAR
COUPO SANTO
La Grande Marque Française

牛轧糖配方

1848 年，老牌糖果商塞维林·德茹（Séverin Dejou）推出了牛轧糖品牌“金色蜂箱”（la ruche d'or）。1913 年，亨利·吉约（Henri Guillot）对它进行了现代改良，后与查尔·吉约（Charles Guillot）合伙，创新出品了著名的“夏贝尔和吉约”牌（Chabert et Guillot）牛轧糖，至今仍活跃于市场。如今，白牛轧糖混合了扁桃仁、开心果、蜂蜜、糖，再添加蛋白，夹于两片未发酵的面皮之间。“蒙特利马尔牛轧糖”必须含有至少 30% 的扁桃仁，或者 28% 的扁桃仁、2% 的开心果以及 25% 的蜂蜜。

胡椒

Piper nigrum - 胡椒科

真假胡椒

植物档案

藤本植物，
高6米以上，
叶子常绿，有光泽。
开白色花穗，
结小果实。

有多种胡椒，但只有学名为 *Piper nigrum*（黑胡椒）、*Piper cubeba*（荜澄茄）和 *Piper longum*（荜拔）的才是真正的胡椒。这三者中，我们现在所说的是黑胡椒（*Piper nigrum*）。

各色果实

胡椒无疑是烹饪中最知名，也是应用最广泛的香料。胡椒的使用有着悠久的历史。从古代起，人们就开始食用胡椒、肉桂和姜。但还是要注意，在古代记载中，poivre（即法语中的“胡椒”）这个词指代的是其他植物。老普林尼（Pline l’Ancien）就以此指代某种类似刺柏的植物。如果今天人们的用词还像过去这样充满歧义，现在的厨师就难以说明自己的意图了，因为他们需要在烹饪中使用各种不同颜色的胡椒。

胡椒属于胡椒属，胡椒属包含了千余种乔木、灌木、攀缘植物，它们都生长于炎热潮湿的热带地区。包括可以咀嚼提神的蒌叶（*Piper betle*），还有卡瓦胡椒（*Piper methysticum*），可以制作一种苦味兴奋饮料。

黑胡椒（*Piper nigrum*）是一种粗壮的藤本植物，

种植真正的胡椒，是印度马拉巴尔（Malabar）的大买卖。

高 6 米，它在自然界中靠攀附树木作为生长支架。胡椒的果实在未成熟时采摘为“青胡椒”，等完全成熟时采摘是“红胡椒”。将红胡椒发酵干燥后就成为“黑胡椒”。“白胡椒”则是用去皮的成熟果实制成的。而“灰胡椒”只是研磨后的黑胡椒，灰色来自于内核和外皮混合的颜色。

胡椒的历史

胡椒自古就很珍贵。它不仅能给食物提味，对不够新鲜的食物也能起到掩

在香料充当货币的时代，出现了一个词组“香料支付”，与“现金支付”相对应。

早期航海者没有横跨大西洋向西方进发，而是沿着非洲西海岸航行。他们在几内亚发现了天堂椒（malaguette），这种胡椒一度干扰了真正胡椒的销售。不过最终人们还是认为真胡椒胜过冒牌货。

饰作用，这个特点是其他香料无法匹敌的，特别是能去除荤腥味，毕竟过去食物保存条件之差，以现在的标准根本难以想象。

人工培植的胡椒起源于印度西海岸的马拉巴尔海岸（Malabar），随后又进入了其他东南亚国家。公元前6世纪至公元前5世纪，印度商人开始开展胡椒贸易，642年，阿拉伯人占领亚历山大港，进一步推动了印度胡椒的贸易发展。直到中世纪，因为物以稀为贵，胡椒和其他香料都属于稀有商品，很多时候它们还被当作货币使用。胡椒可以用来缴纳税费、赎

植株需要2年到5年生长，可以收割四十多年。

金、贡金或充当祭品。

胡椒等香料的高价值甚至刺激了大航海，推动了海陆探险和美洲的发现。

荷兰人和葡萄牙人控制了香料贸易后，在他们的领地种植了胡椒，以此对抗一度垄断胡椒交易而抬高价格的中国人。而同时，他们种出的胡椒越来越辣。

16 世纪以来，胡椒开始在爪哇岛、苏门答腊岛和马来西亚种植，随后又进入马达加斯加。它还穿越大西洋，在巴西落地生根。

黑胡椒取代了另两个品种：一种是荜澄茄，因其圆形果实上长有一个小梗，因而又名尾胡椒，在中世纪时被广泛食用；另一种是长胡椒，自古使用量就很大。

胡椒糖游戏

曾经跨越重洋，历尽艰险换来的胡椒，有一天却成了顽童手中的“怪味胡椒糖”[玩恶作剧游戏（farces et attrapes）的道具。在这种游戏中，可以在普通糖果中混入怪味糖、“放屁垫子”等道具，来抓出倒霉的玩家。——译注]这游戏最夸张的是在普通糖果里混进苍蝇，这还真是让人绝望。如此比较起来，起码“放屁垫子”不会搞得人满手是血……算了，最后我也算想通了。

光果甘草

Glycyrrhiza glabra - 豆科

又称洋甘草、欧甘草

活力甘草棒

植物档案

多年生入侵植物，根部粗壮。叶常绿，呈锯齿形。7月开花，生蓝紫色总状花序。

甘甜的根部

光果甘草生于中东，其根茎自古就受到重视。因意外的迁移而分布到地中海沿岸。共分为四个变种：南欧本土的 Typica、中东的 Glandulifera、Violacea 和 Echinata。为多年生植物，生匍匐枝，复叶，具多数密生的蓝紫色花，荚果扁平、无毛、凹凸不平。

迪奥斯科里德（Dioscoride）、普林尼（Pline）等人都曾明确表示，光果甘草来自拉丁语中的 Radix dulcis，其根部有药用功能。如今，法国不再出产光果甘草（而多产于西班牙、伊朗、俄罗斯和意大利等国），但在过去，法国的布尔戈伊（Bourgueil），以及卡尔马格（Camargue）南部都曾种植这种植物。19 世纪时，巴约讷（Bayonne）、阿利坎特 (Alicante)、布尔戈伊和加泰罗尼亚的光果甘草最受欢迎。

Leguminosae.

Glycyrrhiza glabra L.

光果甘草的提取

甘草对声带有益，莫里哀曾让他的演员服用甘草来保养嗓子。

光果甘草种植 3 年后，就能在秋季和初冬采摘其根部。根部切块压榨提取第一道汁水，再在压过的果肉中加入沸水进行二次压榨。

随后经过 24 小时加热，使汁水浓缩，同时不断搅拌，防止结块。当它达到蜂蜜的浓稠度后进行风干，这样就能制成糖丸、糖锭等。

蒙波利埃的甘草

15世纪中叶，法国商人雅克·柯尔（Jacques Cœeur）在蒙波利埃引进了许多来自东方的商品，包括阿拉伯胶、甘草等，这两者均可入药。不到一个世纪之后，在作家拉伯雷和自然学家龙德莱（Rondelet）的时代（两者都曾在欧洲最古老的大学之一——蒙波利埃大学的医学院就读），当地糖果商用甘草等原料制作了糖衣果仁，大学学子都流行分发这种糖果庆祝考试通过。当时，还有一些特产极负盛名，比如蒙波利埃甘草糖（Grisettes de Montpellier），这是一种用甘草和蜂蜜制成的小糖丸，朝圣者在朝圣之路上可以食之提神。

世界上共有30多个甘草品种，北美甘草（*Glycyrrhiza lepidota*）是典型的美洲印第安品种，种植于加利福尼亚。

甘草露（COCO）

人们最常食用的还是甘草棒，经过干燥的根部碎块可以嚼食，几分钟内，口中便会汁水四溢，久久留香——虽然纤维较多，容易塞牙。18世纪末，提神饮料甘草露诞生了，它是用甘草棒和柠檬水浸制而成的。街头贩卖甘草露的小贩很快就变得大受欢迎，他们摇着铃铛，吆喝着："甘草露，新鲜甘草露，谁要来点甘草露?"1808年，罗贝尔词典中首次出现了甘草露的官方记载。之后，人们用甘草汁来制作这种饮料。

1902年，来自法国阿尔

人们喝着甘草露，不时细品回味。

代什省勒普赞的药剂师朱尔·库尔捷（Jules Courtier）对甘草露进行了重要改良。他将饮料中的甘草汁替换成添加了茴香的甘草粉。当时正发生第二次布尔战争 [第二次布尔（Boer）战争，是 1899—1902 年英国与荷兰移民后裔布尔人建立的德兰士瓦共和国同奥兰治自由邦为争夺南非领土和资源而进行的一场战争。——译注]，法国士兵也加入了欧洲血统南非人的阵营。新闻报道说，德兰士瓦（Transvaal）酷暑难耐，幸好有库尔捷用甘草粉调制的饮料，才解了士兵们的口渴。这种饮料因而得名布尔甘草露（Coco Boer），并一直沿用至今。布尔甘草露的小铁盒非常有名，里面装着 5 克甘草粉，能给喉咙带来一阵凉意。

真正的口香锭

真正的口香锭（cachou）是用槟榔（Areca catechu）制成的。槟榔果实提炼出浅褐色的胶体，经过煮沸过滤和蒸发得到树脂液，混入琥珀、麝香，最终制成口香锭。很多亚洲人喜欢嚼槟榔，因为它可以缓解饥饿，并会使人产生轻微兴奋感。从 17 世纪开始，欧洲药店开始销售各种口香锭，它能发挥清新口气和治疗胃痛的功效。1880 年，图卢兹药剂师莱昂·拉琼尼（Léon Lajaunie）改良了配方，在其中加入了乳香、鸢尾粉和英国薄荷等原料，还添加了植物炭黑，所以口香锭表面呈现黑亮的漆光。拉琼尼的口香锭在销售时称为甘草糖锭，装在一个外观时尚的黄色圆形糖盒里。

甘草与加尔省

如今，加尔省（le Gard）还有一份与甘草相关的重要遗产。18 世纪到 19 世纪中叶，加尔省索米埃地区生产羊毛制品，但蒸汽机的发明使这个产业集中在了大集团手中。穷则思变，于是当地开始种植香料植物，有人就种起了甘草，并且收益颇丰，其中路易·科斯（Louis Causse）和马克·凯泽尔格（Marc Caizergues）创办的两家作坊堪称领头羊。

19 世纪末，保尔·奥布莱斯皮（Paul Aubrespy）在加尔省于泽斯（Uzès）接管了其岳父亨利·拉封（Henri Laffont）创办于 1872 年的甘草作坊。据说有一天，奥布莱斯皮听见一个口齿不清的小朋友苦苦央求妈妈给他买甘草糖："我想吃'赏'，妈妈妈妈，我就想吃'赏'嘛！"（"Z'en veut, maman, donne-moi z'en!"）。奥布莱斯皮以此为灵感，于 1884 年注册了"赏"（Zan）这个商标，"我想吃'赏'"这句广告语也沿用了数十年。

1837 年始创于加尔的糖果商标"加雷努图尔"（Carénotur）来自两个家族集团，Carénou 和 Tur。包装上的"加尔"（Car）是缩写。

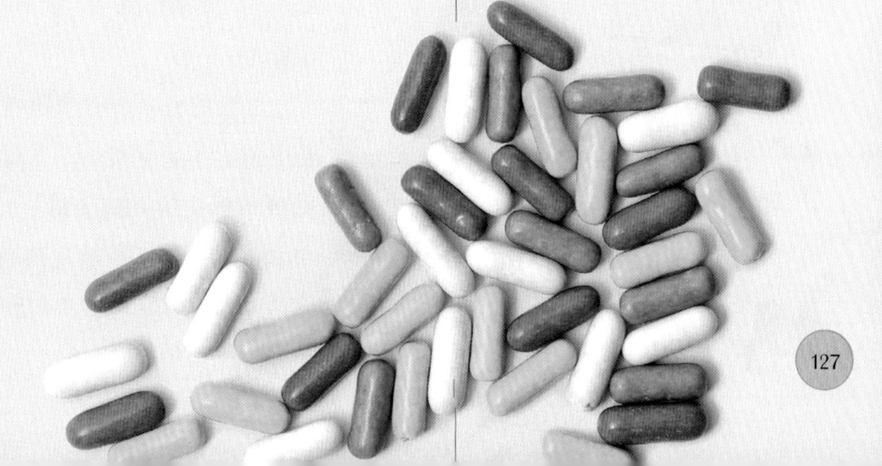

人心果

Manilkara zapota, Achras sapota - 山榄科

神奇泡泡糖

植物档案

常绿热带乔木，
高达15米到25米，
叶子巨大光亮，
结人心果。

乳胶的魅力

人心果原产于中美洲，野生于委内瑞拉及中美洲热带地区，在墨西哥和安的列斯群岛均能看到。后随移民来到非洲、亚洲和副热带地区。要判断果实是否成熟，只要用手指轻刮薄薄的果皮，呈黄褐色即可采摘。最好等到果实软熟再食用，不然其中富含的乳胶会粘住嘴唇。人心果也正是因为能产乳胶而在本书中独立成章。

安东尼奥·洛佩斯·德·桑塔·安纳是推动乳胶发展的代表性人物。

口香糖的起源

人心果含有大量乳白色的乳胶，玛雅人喜欢咀嚼乳胶来解渴。且不论墨西哥的历史，单说墨西哥总统安东尼奥·洛佩斯·德·桑塔·安纳（Antonio Lopez de Santa Anna）的晚年，1869 年他流亡到史泰登岛，随身带了 250 公斤奇怪的灰褐色树胶，其实那就是人心果的乳胶。他把乳胶分给合作伙伴，美国人托马斯·亚当（Thomas Adams）。后者经过几年试验，试图制作靴子、玩具和自行车轮胎，但都功亏一篑。

之后的故事颇具戏剧性（其实产业发展史何尝不是如此）。当时托马斯·亚当的孙子贺拉斯（Horacio）正准备将东海岸的树胶存货转手，就在那时，老亚当偶遇了一个前来药店购买香口胶的女孩。

人心果为大型球状浆果，长 3 厘米到 8 厘米，圆形或椭圆形，表皮褐色，凹凸不平。果肉颗粒状，多汁、甘甜、绵软，类似梨子。

于是他向药剂师询问情况，获悉那种“白山牌”香口胶是用石蜡做的。他突然想起桑塔·安纳将军和墨西哥当地人一样有嚼树胶的习惯，便向药剂师推荐说自己的树胶比石蜡便宜得多，建议药房买下他的树胶，对方欣然接受。

老亚当趁热打铁，联手儿子小亚当（Thomas Adams Junior）投入口香糖生产，那是第一代独立包装的薄片状口香糖，叫作“亚当纽约一号”（Adams New-York No.1）。不过当时的口香糖还是无香无味的。

如果当年人心果的乳胶制成了橡胶，那可能就没有我们现在的口香糖了。

口香糖的改良

许多人曾为口香糖的改良做出贡献。1880 年，约翰·柯尔根（John Colgan）发明了一种工艺，可以延长口香糖咀嚼后的味道。1884 年，威廉斯·怀特（Williams J. White）在其

以口香糖味道为卖点的牙膏。

中添加了葡萄糖。1906年，弗兰克·费力尔（Frank Fleer）发明了可以吹出泡泡的“泡泡糖”。1914年，威廉·莱格雷（William Wrigley）联手前者，尝试在泡泡糖中加入各种添加剂，赋予其薄荷味和各种果香味。1928年，怀特·迪默（Walter Diemer）发明了超大泡泡糖，可以吹出巨大的泡泡，一破就会软软地粘在脸上。

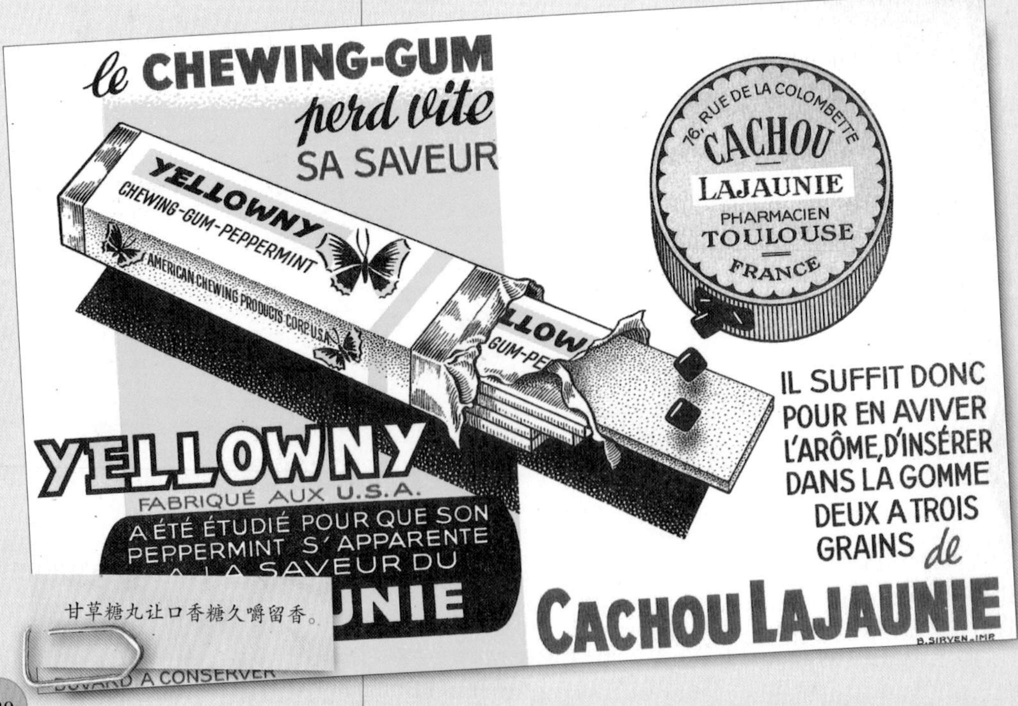

甘草糖丸让口香糖久嚼留香。

由于人心果产量很小，供应的乳胶无法满足口香糖生产需求。所以它很久以前就被含一到两种合成弹胶物的胶基所取代。

北美印第安人喜欢咀嚼松树脂，这也影响了移民者。于是后者开始使用蜂蜡制作口嚼糖。1848年，约翰·柯蒂斯（John Curtis）开始制售一种松树脂口香糖，“纯云杉香口胶”。他首次卖出了含芳香石蜡的口香糖，和亚当故事里女孩所嚼的一样。1868年，俄亥俄州的威廉·芬利·桑普尔（William Finley Semple）第一个申请了口香糖专利。

法国人与口香糖

第一次世界大战期间，珀欣（Pershing）将军的美国商队于1917年首次将口香糖带到法国。但口香糖在法国长期被边缘化。1944年才因解放法国的契机而迎来发展。当时口香糖的宣传声势浩大，成为美国式“慷慨”的象征，深刻影响了法国的当代历史。而今，法国是口香糖的第二大消费国，仅次于美国，可见其有多受欢迎。

香草

Vanilla planifolia - 兰科

奇异荚果

植物档案

香草是兰科中唯一因食用价值而栽培的植物，可达10米高，藤本植物，生长在热带地区。

香草的培植史可以分为以下四个阶段。

阿兹特克：香草可可饮料

最早是玛雅人和阿兹特克人先后在可可饮料中加入香草调香，这种饮料只有贵族和战士可以享用。但他们并不知道如何种植香草，这种食品是从邻近地区进口的。是托托纳克人在墨西哥湾沿海平原种植的香草供给了阿兹特克人食用。16 世纪，西班牙人也发现了香草，但不同于很多植物，香草只能适应热带气候，因此西班牙人并未掌握其培植方法。

长期以来，香草生产与墨西哥紧密联系。

墨西哥

香草被带入欧洲的植物园中种植，由植物学家进行研究描述，但香草生产仍然被墨西哥垄断，直至 19 世纪中叶。曾有人试图将香草移植到其他热带地区气候湿润的殖民地，但均告失败：人们忽略了香草的授粉和蜜蜂品种的问题。由于香草十分罕见，它在欧洲受到了追捧，路易十五曾几次尝试在布尔东岛（Bourdon，今留尼旺）驯化这种珍贵的兰科植物，但都铩羽而归。

留尼旺

1836年，比利时植物学家夏尔·莫朗（Charles Morren）在比利时列日的植物园中首次实现了香草人工授粉，第二年法国植物学家约瑟夫·亨利·弗朗索瓦·纳曼（Joseph Henri François Neumann）也试验成功。但主要是埃德蒙·阿尔比斯（Edmond Albius）的观察发现（见后文），推动了布尔东岛香草的发展，使之成为世界最大的香草生产地。

“香草”（vanilla）是指干的棕色至近黑色的荚果，香气浓郁，长小种子。“香草”这个词同时也指结香草荚的藤本植物。有多种香草，使用最多的是香荚兰（*Vanilla planifolia*）。

马达加斯加

19世纪80年代，留尼旺的种植者将香草引入了邻近的马达加斯加，最早种植于贝岛。很快马达加斯加的香草生产取代了留尼旺。但由于当地气候十分适宜香草生长，出现了周期性生产过剩现象。直到今天，马达加斯加仍然是全球第一的香草产地。

负责香草自然授粉的是兰花蜜蜂。

香草醛

由于香草供不应求，人们便很快开始寻找它的替代物。19世纪下半叶，化学工业取得突破性发展，带来了各种形式的香料和染色用品的生产。

第一次成功试验来自于燕麦的提取物。麸皮中所含的燕麦素一旦氧化，会产生香草醛，法国科学家叔本兰（Soubeiran）的这个论断被德国农学家哈尔提希（Hartig）于1861年通过落叶松形成层试验所证实。1874年，德国化学家威尔汉·哈曼（Wilhelm Haarmann）和费迪南德·提曼（Ferdinand Tiemann）首次通过云杉树脂提取的松柏苷人工合成了香草醛。

在法国，乔治·德·莱尔（Georges de Laire）于1868年创办了首家通过松柏苷生产香草醛的工厂，并申请了专利。此外还有许多物质可以合成香草醛，比如丁香中的丁香酚。因此香草醛合成形成了产业规模，也普及了香草的风味，同时它也能从看似无关美味的其他途径提取，比如制纸过程中，又或者从甜菜根果肉中获取。

依西尼（Isigny）自1932年以来以焦糖闻名。

敏锐的发现者：埃德蒙·阿尔比斯

埃德蒙·阿尔比斯（Albius，源于拉丁语alba，意为白色。——译注）是黑奴孤儿，被费雷奥尔·贝耶尔·波蒙（Féréol Bellier Beaumont）收养，并受到

焦糖

香草和巧克力并不搭，但和焦糖是绝配，是美食家认同的“天作之合”。焦糖是阿拉伯人约一千年前的发明，最早也是做药用。

西班牙人很偏爱焦糖，“*carameles*”是指煮熔的糖，无水，用以缓解胃痛。这个词由拉丁语 *cannamella* 变形而来，也就是法语 canne à miel，即甘蔗的旧称。

焦糖是一种混合了糖、葡萄糖浆，添加乳制品、鲜奶油、牛奶、无盐或有盐黄油，将之与食用油烧煮而成的糖果，其中香草味是经典的焦糖香型。硬焦糖、软焦糖、太妃糖、法奇糖等，根据成分和烧煮温度不同，又有不同名称。

园艺知识启蒙。他凭借敏锐的观察力，于 1841 年发现了香草的人工授粉方法，当时他年仅 12 岁。这项技术革新了香草这一珍贵香料的生产，并沿用至今。但一个奴隶却才华过人，这让有些人大惊失色！法国植物学家吉恩 – 米歇尔 · 克劳德 · 理查德（Jean-Michel Claude Richard）就曾企图将他的功劳占为己有。

1848 年奴隶制废除后，人们给予年轻的埃德蒙以 Albius 这个姓氏，就是鉴于香草花朵是白色的。埃德蒙 · 阿尔比斯获得了自由，却未能因为他的发现获得丝毫利益，最后在 1880 年抑郁而终。甚至在他过世后，世人仍对他争论不休，20 世纪初还有媒体误称阿尔比斯是白人。

香堇菜

Viola odorata - 堇菜科

精巧别致

植物档案

多年生草本植物，
叶基生，叶片心形，
亮绿色。
有很多匍匐枝，
向周围蔓延生长。
开深紫色小花。

香堇菜可制糖

“小巧鲜嫩，精致芬芳，出自林下灌木。”如果这是在说某种水果，野草莓完全吻合。但要说花卉，则非香堇菜（学名 *Viola odorata*，法语名 violette，常被误译为“紫罗兰”，其实紫罗兰是另一种植物，学名 *Matthiola incana*，为十字花科紫罗兰属植物。——译注）莫属。这是一种多年生小植物，自生于法国及其他欧洲国家，它长在堤坝上、篱笆上和通风的地方。根部浓密，发出许多匍匐枝以蔓延生长，这和草莓一样。不同品种的香堇菜开出的小花颜色、香味也各有差异，花香比较老派端庄，这些都不用多介绍了。它让我们联想到的如果不是擦着香堇菜香粉的老太太，那一定是一种可以嚼着吃的小糖块，这才是它闻名遐迩的由来。

图卢兹香堇菜博物馆于1994年建成，馆内集中了世界各国的香堇菜变种，包括来自中国和日本的品种。

隐蔽的香堇菜

一开始可以闻到香堇菜的香味，但转瞬之间香味却消散无踪了！香堇菜就是具有这种嗅觉特性，会很快变得隐蔽无嗅。要把鼻子凑近花束几分钟，才能再次发觉小花的阵阵幽香。

图卢兹香堇菜

19世纪中叶，图卢兹人以大量种植香堇菜为豪，种菜人在冬闲时能靠这种植物补贴收入。最早香堇菜

图卢兹香堇菜会冻裂，冬天必须掩藏在地下。10月到次年3月采摘。

种植在图卢兹北部，先是在圣若里，后又扩展到拉朗德、奥康维尔、卡斯泰尔吉内斯、圣阿尔邦和洛纳盖等市镇。一直到20世纪初，香堇菜都在专门的市场出售，也在市中心售卖给中间商，转售给法国各地和国外。于是每晚都有三到六个车厢载着香堇菜开往巴黎。产量虽然水涨船高，但生产商却感觉自己被坑害了，因为中间商赚得比他们还多。1908年，他们成立了一家合作社，确切说是香堇菜和洋葱合作社——我也知道这两者有点风马牛不相及，但图卢兹人有时就是这么天马行空！中间商全力出击干扰合作社，那些新手也不免有些怯场。

但最终生产商在经销商长期调价风险面前，还是选择了全年固定价格。之后，图卢兹香堇菜这种散发幽香的重瓣花声名远播，甚至远销俄罗斯。

当时，超过600家生产商种植了20多万公顷的香堇菜。1955年，种植达到了高峰。随后产量骤降，1956年的严冬给香堇菜种植传统带来冲击，1983年合作社关张歇业。1985年，农学家阿兰·鲁柯勒（Alain Roucolle）开始恢复种植这种植物，于是图卢兹香堇菜迎来了复兴。1993年，“香堇菜沃土”协会（Terre

在对香堇菜卖家征收税费后，与皇室为敌的法国大革命算是认可了有着尊贵紫色的香堇菜。

de Violettes）创办了图卢兹“香堇菜节”来进行宣传推广。

卢河畔图尔雷泰的香堇菜

在尼斯和戛纳之间，还有图卢兹之外的第二个香堇菜种植中心，卢河畔图尔雷泰（Tourettes-sur-Loup）。1875 年，这里开始种植帕尔马香堇菜（violette de Parme），而现在种植的是维多利亚香堇菜（Victoria）这一变种，这种花特别芳香，因此更受

糖渍香堇菜

糖片、果酱、果冻、软糖、口香糖，香堇菜可以做成各种糖果，但最受欢迎的还是糖渍香堇菜。中世纪时，香堇菜用于制作糖浆和糖，起止咳作用，18 世纪时，出现了一种将香堇菜腌渍在果酱中或糖中的配方。不过直到 19 世纪，一位在图卢兹欧藏纳（Ozenne）街开店的糖果商首创了一种制作工艺，使香堇菜花瓣结晶，并维持花瓣的形态。这种糖果立刻大获成功，同种工艺还被运用于金合欢、薄荷叶和孟加拉玫瑰花。对于那些喜欢甘醇酒精风味的人，还可以了解一点—— 1950 年，图卢兹人赛尔（M.Serres）因为担心同乡的健康，发明出了一种香堇菜利口酒。

香堇菜花语：隐藏的爱。

喜爱。不同于图卢兹的是，这里的种植者从 1880 年开始，仅种植香堇菜一种植物。但种植面积很小，且位于梯田，必须全靠手工耕作。可想而知，这种艰难的种植方式已经衰落。现在采用地下、护坡道或悬挂种植更加合理。种植仍需人工，只是经营者已寥寥无几。10 月至次年 3 月间人们制作香堇菜的花束，季末去除花朵的茎，用于制作糖果。

香堇菜的贮存功能

香堇菜的叶子虽然是没有气味的，但也能用于制作香料。可以从中提取一种液体，用以固定香水中的各种成分。它还用于食品业，能赋予豌豆脆爽的味道。

糖果植物掠影

分目录

莳萝

Anethum graveolens - 伞形科

茴芹阴影下

从中世纪开始，莳萝就被认为能刺激消化系统，它能治疗打嗝、恶心、呕吐以及痉挛，而镇定功效尤其突出。莳萝还隐含着某种象征意义，过去人们用它来施法术对抗黑魔法，击退巫师，驱散暴雨乌云。相反，也有人认为莳萝有催情作用——据传很多植物都有这种功效。不过再如何解释，那只是心理作用罢了，无济于事……

而说到糖果，有些糖果背后并没有历史可言，而“全停止糖”（Stoptou）则不然，它属于一个糖果系列，有它自己的历史缘由。这糖是黑色硬糖，富含甘草，带有特别的茴芹清香，但那其实是“莳萝香”。这也是一种“矿工系”糖果（见“桉树”章节。—译注），受粉尘困扰的矿工可食之润喉。而对于我们在地面上工作的人来说，这种糖果还能让同伴吃得鼻孔一开一合的，倒也是“全停止糖”的趣味所在。

植物档案

一年生植物，
高40厘米到150厘米，
伞形花序，
花朵黄绿色。
通常我们所说的种子
其实是它的果实，
富含精油，有香芹酮、
芹菜脑、
肉豆蔻醚等成分。

欧白芷

Angelica archangelica - 伞形科

天使还是魔鬼？

迷信到传说只有一步之遥。中世纪瑞士医生帕拉塞尔斯（Paracelse）曾描述说，1510 年米兰瘟疫期间，许多人因为将欧白芷粉（法语为 angélique，也有“天使”的意思。——译注）溶解在红葡萄酒中服下而幸免于难。这个传言不胫而走，而在 1602 年鼠疫期间，这种植物又来到了法国城市尼奥尔（Niort），后来这座城市以种植开发欧白芷而闻名。

从中世纪开始，欧白芷就遍布花园，在巴黎的苗圃，南特、里昂的药剂师园地都能看到。当时尼奥尔的欧白芷和相关衍生品已非常有名，但法国沙托布里扬（Chateaubriand）的欧白芷在质量、香味和贮存上比前者更胜一筹。19 世纪时，人们才开始专门采集欧白芷的茎，依条纹切成小段，用糖腌渍。

植物档案

二年生草本植物，
高80厘米到2米，
有浓郁芳香，
开灰绿色伞形花序。
千万别把欧白芷和
相近的毒芹混淆起来，
后者有刺激性气味，
若是误食毒芹，
会成为社会新闻的谈资。

糖渍的欧白芷出现在夏朗德烘饼、泡芙塔和香料面包中。

芫荽

Coriandrum sativum - 伞形科

欧芹“姐妹”

芫荽原产于亚洲，在远古时期就在烹饪中用作香料，《圣经》中也曾提到这种植物。新鲜的叶子和果实经研磨后略加焙炒以提香。芫荽的香味浓郁而特殊，它和欧芹各有拥趸，在烹饪中也是各有千秋。和许多香料一样，它也出现在药典中，特别是充当镇痛药。

要想缓解压力，可以吃一块黑牛轧糖，不过得小心咀嚼。很多糖果师和甜品行家都明确表示，黑牛轧糖中要加入芫荽和茴芹才能达到最佳口味。而牛轧糖里的扁桃仁实在太过夺味，品尝时必须非常仔细才能分辨出芫荽的存在。

植物档案

一年生或二年生植物，
30厘米到60厘米高，
叶分叉，
开白色伞形花序。
果实形似种子。
植物的叶、茎、
籽有强烈的芳香。

歌手汤姆·诺万布莱（Tom Novembre）有一首歌里唱道“小心小心牛轧糖”，他唱的是要小心脚下，不过也要小心牙齿啊！

覆盆子

Rubus ideaeus - 蔷薇科

美妙浆果

根据化石遗迹可知，新石器时代人类就开始食用覆盆子了。中世纪时，人们开始人工栽培覆盆子以入药。19 世纪时，巴黎地区的种植者精心耕种覆盆子，加之后来又从盎格鲁 - 撒克逊引入了变种，大大地促进了这种植物的多样化。

覆盆子的果香很特别，因此被用在各种糕点和糖果中。棒棒糖、夹心糖、软膏软糖，等等。但过去最受好评的无疑是覆盆子形状的硬糖。住在法国北方边境的居民还可以尝到一种圆锥形、紫红色的比利时软糖（cuberdon），夹心是胶状糖浆，混合了果酱和阿拉伯胶。外壳坚硬而内馅柔韧，有超过 25 种水果口味，包括甜瓜、草莓、樱桃、柠檬、香蕉、桃子等等。

就说说我们身边吧，那些棉花糖总会让我们回忆起童年时光，那融合了覆盆子和桑葚味道的小圆球，有着顺滑而独特的口感。

植物档案

落叶小灌木，
生长于山区，在孚日山脉、
阿登山脉、中央山脉、
多菲内都能采摘这种
多汁的浆果，
如果你有远亲，
也可以在拉普兰找到覆盆子。

红醋栗

Ribes rubrum - 醋栗科

来自寒带

醋栗生长于世界各国和欧洲的寒带和温带地区——英格兰、苏格兰、拉普兰、西伯利亚等。在法国，人们长期采摘这种浆果。19 世纪初，法国开始投入培植红醋栗。巴黎郊区的贝尔维尔、梅尼蒙当和邻近的巴尼奥雷、蒙特勒伊、圣日耳曼昂莱、皮托等都有大规模种植。不过最有名的还是法国北部城市巴勒迪克（Bar-le-Duc）的红醋栗。

果胶仅存在于植物界，它是细胞壁的构成成分，是内部细胞的支撑物。果酱师们知道，在果酱中加入果胶能起到凝胶作用。许多糖果也需要添加果胶来促进凝固。这一功能的实现需要用到红醋栗，以及前文已经提到过的榅桲、苹果或柑橘等植物。

植物档案

落叶灌木，1.5米高，
枝无刺，
叶子折断时有芳香。
耐半阴或喜阳。
4月到5月开花，
6月到7月结浆果。

法国东部还在使用削制过的鹅毛管作为红醋栗的去核器。

欧洲赤松

Pinus sylvestris - 松科

并非孚日冷杉

在 25 种欧洲松树中，仅有两种是药用植物：欧洲赤松和海岸松，而只有前者还可用于糖果制作。欧洲赤松可促进支气管健康，因此不难理解，始创于 1927 年的“孚日糖”是由药剂师发明的。这个发明并不是药剂师不务正业，因为孚日山脉地区有食用松树树脂糖块的传统。这种糖果很常见，其中成分不断发生着变化，还会加入各种香料和水果以丰富其口感。

孚日糖外观做成“冷杉”的形状，而糖盒的样子始终保持如初。其实将它比作冷杉并不确切，因为糖果中的汁液和树芽般的形状实则来自欧洲赤松。孚日糖中还含有薄荷脑和蜂蜜，对支气管有益。

植物档案

大乔木，
20米到45米高，耐性强，
能存活600年。
可抵御严寒
（零下40°C），
也能耐受酷暑，
还能适应干燥贫瘠的土壤，
是合适的林业树种。

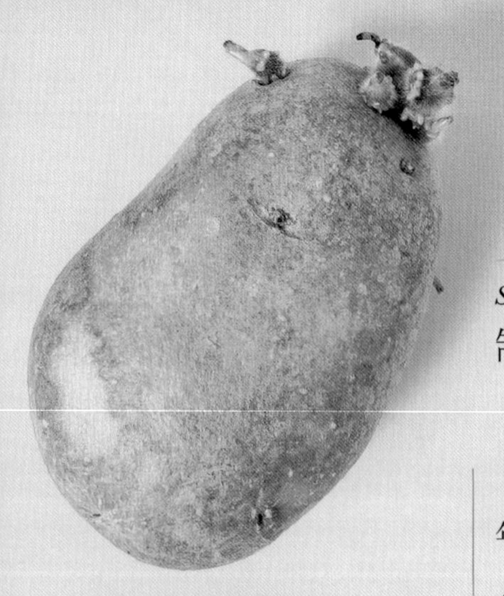

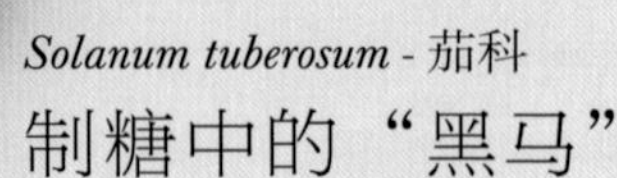

土豆

Solanum tuberosum - 茄科

制糖中的“黑马”

植物档案

种植于地下10厘米的块茎，2个月到5个月就长出大量块茎，堪称植物中的奇迹。

土豆原产于安第斯山脉，印第安人在公元前8000年就开始种植土豆。16世纪时，土豆由西方征服者带入欧洲。法国农学家帕蒙蒂埃（Parmentier）推动了土豆在法国的引进，是最早介绍土豆的人。他通过从块茎中提取淀粉，大大地促进了土豆的普及。人们因此热衷用土豆淀粉替代小麦淀粉，改善营养不良的状况。

我们听说过土豆做成的胶糖、糖片和棒棒糖，为什么就没有土豆口香糖？因为根本不存在，当然不会有了。之所以会在这里提到土豆（原本也可以聊聊玉米的），是因为土豆中富含淀粉，可以提取葡萄糖浆，而葡萄糖浆普遍存在于各种现代糖果中。

土豆或隐或显，现身于现代糖果中。

GROSSE ET PETITE CHAUDRONNERIE
FER ET CUIVRE
EMBOUTISSAGE
TOLERIE AGRICOLE ET INDUSTRIELLE
POMPES
TÉLÉPHONE : ROQUETTE 63-65

André LABBÉ
41, Rue Planchat
PARIS (20e ARROND)
Anciennement :
André LABBÉ Fils, 31, Rue Riquet, à Paris.
A. LABBÉ Fils, VALLÉE-LABBÉ et Cie, 20, Rue de Mouesse, à NEVERS.

TARIF SPÉCIAL Mai 1914
(Extrait du Tarif Général annulant les précédents)

BROYEURS de POMMES de TERRE
Trémies de 56×43 cm. — Cylindres avec Dents en Hélice
Coussinets et grilles fonte démontables

N° 1. N° 1, 2, 3, 4. N° 5.

N° 1 sans pieds pour être placé sur un baquet 27 cm. hauteur	14.35
N° 2 avec pieds fer de 0 m. 86 de hauteur	16.80
N° 3 avec pieds fer de 0 m. 95 de hauteur	21.50
N° 4 même modèle que le N° 3 mais avec volant d'entrainement	29.
N° 5 avec pieds bois	23.50

Le N° 5 peut être livré avec deux limons en bois au lieu des 4 pieds, comme le type N° 1.

La trémie du broyeur N° 5 a 48×42

土豆磨碎机的广告单，列出的是各种不同的机型。

苹果

Malus domestica - 蔷薇科

可口红苹果

人们对苹果的改良和增殖投入了罕见了热情，使这种原本外表粗糙的乡野甜果发展成了备受重视的尊贵水果。20世纪初，美国果园以其集约耕种的模式培育出了又红又亮的苹果。迪士尼卡通《白雪公主》里的红苹果形象深入人心，加上美国生产商大力宣传，推动了苹果的热销。

说到这里，不能不提“爱情果”（pomme d’amour）这种甜品，虽然严格来说这不算糖果。制作中要使用一整个苹果，裹上一层厚厚的、韧劲十足的红焦糖，为了便于品尝，会把小木棍插入其中。可真吃起来哪有那么容易，焦糖壳又滑又韧，好不容易咬开一口，继续往下咬，嘴却总是挤到一边，粘得满嘴满脸都是糖。

植物档案

落叶大乔木，新石器时代起苹果广泛流行，现在全球有1万多种苹果变种。

真正有“爱情果”之称的植物是番茄，因为裹上焦糖的苹果形状、颜色很接近番茄，才被冠以同样的名字。

糖果植物

识别小手册

光果甘草

Glycyrrhiza glabra

豆科

如何辨认

光果甘草为草本植物，高40厘米到1.5米，具羽状复叶，7厘米到15厘米长，每枝9片到17片小叶，表面略有黏性，6月至7月开小花，为淡紫色至蓝色花序，结3厘米长的扁平荚果，含大量种子。具粗壮根状茎，蔓生于地下。

如何发现

可见于地中海沿岸肥沃透气的土壤，生长需要较多热量，可长于海拔1000米的高度。

小贴士：

作为美食家兼园艺师，我衷心建议您不要将其栽种于庭园中，因为这是一种入侵植物。

欧白芷

Angelica archangelica

伞形科

如何辨认

欧白芷为二年生植物，高80厘米到2米左右，各处均有芳香，叶子表面有茸毛，生于长叶柄上，具三裂片，夏季开灰绿色小花，为伞形花序。

如何发现

欧白芷喜潮湿，不耐旱，生长于沟渠边。为广适性植物（原产于西伯利亚），在阳光充足的半阴土地环境中可生长。在普瓦图沼泽地有很多欧白芷。

…

小贴士：

如果叶子无茸毛，花为白色，那肯定是林当归（Angelica sylvestris），美食家对它可没兴趣。

薄荷

Mentha spp

唇形科

如何辨认

共有十多种薄荷，高度从几厘米到一米多不等，真得仔细辨认。多年生，叶子具茸毛，有强烈芳香，夏季开小花，为白色至蓝色花序。薄荷的微妙味道很难描述，就好比柠檬、苹果、桂皮、胡椒、姜等也依品种和变种的不同而各有差异。

如何发现

薄荷喜欢肥沃而透气的土壤，耐光照或半阴，常见于堤坝、林下灌木丛。

小贴士：

可以种植各种薄荷，不必理会它“入侵植物”的名声。事实上薄荷在蔓延过程中，有一边会枯萎，然后在另一头重新生长起来。

莳萝

Anethum graveolens

伞形科

如何辨认

一年生芳香植物，40厘米到1.5米高，叶锯齿状，叶鞘包围基部，茎中空、青绿色、有纹路。夏季开小花，为松散伞形花序。

如何发现

具广适性（可耐零下5℃到零下10℃的低温），喜长于堤坝、草场，当然还有庭园，它来自小亚细亚半岛，被驯化为庭园植物，后逸出野生。莳萝喜欢透气肥沃的土壤，喜阳光，这点与茴香不同，后者喜欢南方干燥、石质的土壤。

小贴士：

莳萝种子丰富，可以用以腌渍食物，给菜肴增加香味，泡制助消化饮料。

虞美人

Papaver rhoeas, P. argemone

罂粟科

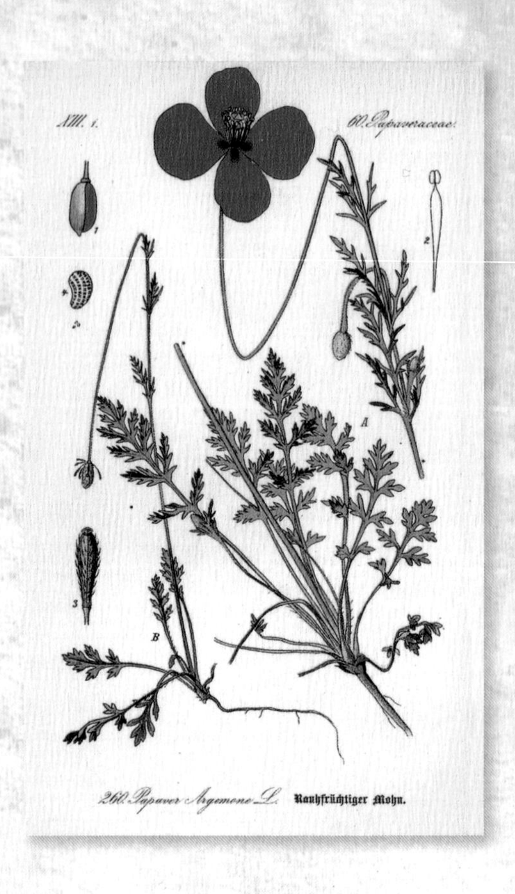

如何辨认

虞美人很容易分辨。叶锯齿状，覆浓毛，茎折断后会流出白色乳胶，花单生，红色，花瓣有褶皱，花蕾被茸毛。

如何发现

当远离种植区时，虞美人通常出现在堤坝、草场。这种一年生植物在干燥的土壤里生长，喜阳光，果实中含大量近黑色的种子。

…

小贴士：

种植虞美人会让农夫发笑。不过还是播些虞美人种子吧，看它如何“攻城略地”。

扁桃

Prunus amygdalus, P.dulcis

蔷薇科

如何辨认

扁桃是落叶乔木，6米到12米高，树皮轻微裂开，近黑色。生狭长单叶，凹凸不平。冬末开放早花，花单生，白色，有光泽。果实为绿色核果，覆茸毛，内含可食用的扁桃仁。

如何发现

这种典型的地中海树种生长在干燥、石质的土壤，过去常沿葡萄园旁种植，以划定边界。现在还能看到这样的种植模式。

小贴士：

软壳的扁桃仁更受欢迎，轻轻一咬就能吃到。如果壳是硬的，就得小心牙齿了，请先确保您有医疗保险。

栗子

Castanea sativa

壳斗科

如何辨认

落叶乔木，可高达30米。叶锯齿状，长12厘米到25厘米，呈亮绿色。5月初到7月开带有黄色茸毛的雄花，基部的雌花较为分散。秋季，果实生于带刺壳斗中。

如何发现

生长于酸性土壤，喜阳光或半阴。法国科西嘉、赛文、里维埃拉等地都盛产栗子。

小贴士：

栗子树非常长寿，西西里岛埃特纳火山的栗子树如果不患病可以长到2000岁！太不可思议了。

药蜀葵

Althea officinalis

锦葵科

如何辨认

多年生草本植物，高60厘米到1.5米，根部粗壮。茎部被茸毛，直立，多分枝，叶呈灰绿色、分裂、椭圆尖头、锯齿状。6月到9月开花，花单生，近白色至粉红色，结果后成为带茸毛的聚合瘦果，含褐色种子。

如何发现

药蜀葵生长在较潮湿的地区，生长高度可达海拔300米，生于海岸边或河流旁，喜光照，可见于法国西部草场。

小贴士：

药蜀葵原产于北欧大草原，后在欧洲其他地区驯化。在法国，中世纪时它被培植于修道院庭园中，后又逸出野生。

欧洲赤松

Pinus sylvestris

松科

如何辨认

树干直立，20米到45米高，针叶长3厘米到6厘米，球果为圆锥形，较小，高3厘米到6厘米，底部为绿色。

如何发现

欧洲赤松喜欢干燥、寒冷的环境，但也不能缺少光照，可见于山林，可天然生长或培植。

小贴士：

其芽可用于熏蒸疗法，有利于清理支气管和呼吸系统。

香堇菜

Viola odorata

堇菜科

如何辨认

这种多年生小型植物非常隐蔽，高仅10厘米到15厘米，必须屈着腿仔细查找才能发现。叶心形，有光泽，呈亮绿色。3月到4月开花，紫色小花散发幽香。

如何发现

可见于草场、林下灌木、草坪及堤坝，生长土壤透气湿润，可长至海拔1000米的高度。光照充分才能开花。

小贴士：

天然生长的小香堇菜比制造花束所用的变种香堇菜优质多了。但就当我没说过，图卢兹人对这个话题敏感极了，就跟科西嘉人谈到猪肉食品一样。

野草莓

Fragaria vesca

蔷薇科

如何辨认

且不说庭园栽种的草莓，就谈谈野草莓吧。这是一种低矮的多年生小型植物，高约5厘米到20厘米，具三小叶，被短毛，有叶脉。5月到6月开小花，花瓣白色，逐渐长成芬芳精巧的小草莓。那种美味不可言喻！

如何发现

适应透气土壤，可生长于海拔1600米的高度，常见于林下灌木、草场、堤坝。

小贴士：

和其他草莓一样，生匍匐枝，只要种在园子里就可以了。记住不要与委陵草相混淆。

野生覆盆子

Rubus idaeus

蔷薇科

如何辨认

根部每年发出新茎，茎上次年着生果实。锯齿形复叶，具3片到7片小叶，多叶脉。5月到7月开白花，花单生，有5片花瓣。逐渐结出酸甜美味的野生覆盆子。

如何发现

这种1米到2米的灌木丛，生长在海拔约400米到2000米的高平原和山地。徒步出游时，可以沿着小径，一路采食覆盆子。

小贴士：

只要认准一块长覆盆子的灌木丛，每年过来都能尝到新鲜果子。

茴芹

Pimpinella anisum

伞形科

如何辨认

草本植物，高50厘米到1米，一年生或二年生。和茴香很接近，但茴芹的叶子更大，同为锯齿状，有长叶柄。7月开白色小花，形成伞形花序。果实（并非种子）干且有韧性，有浓郁芳香。

如何发现

这种植物原产于亚洲，长期培植于庭园，较少分布于自然环境，我们看到的茴芹多由逸出种子所长成。茴芹喜充足光照、透气土壤。这种植物可以在堤坝上，或者在距离村庄和居民区不太远的地方找到。

小贴士：

我们通常使用的是茴芹的果实，但这种植物各处均有芳香，在烹饪中不可或缺。

作者简介

塞尔日 · 沙（Serge Schall），1958 年出生于马赛，不经意间走上了农艺求学之路，毕业于蒙波利埃国家高等农学院和蒙波利埃朗格多克科技大学，获农学工程博士学位，后投身于专业工作领域。

他曾长期担任试管培植实验室负责人，还曾任一家苗圃的商务经理。十二年前他决定转行投身于科普事业。此后，他长期与园艺专业出版社合作，编撰各类园艺、植物主题书籍，至今已完成二十多部作品。

通过研究学习，他掌握了一种方法，就是不带任何“预设”，而在普罗旺斯和蔚蓝海岸三十余年的园艺实践又让他积累了“农民”的丰富经验。他时刻谨记必须埋头苦干，低调谦逊。

而他同时又是一位美食家，于是有了这部集植物和糖果知识于一体的作品，他也欣然与大家分享这部甜蜜之书。

唇边还粘着糖，但还是要亲吻这些人，感谢他们对本书所做的贡献。

北方人的热心肠有口皆碑，衷心感谢韦尔坎（Verquin）糖果公司伊莎贝尔·勒克里（Isabelle Lecryt）给我们送来了矿工糖。

感谢地陪博德里先生（M. Baudry）的周全安排，专门派雨格·佩罗尼（Hugues Pérony）到阿拉斯瓦伊给我们带来了上好的甜菜。

我们还从亨利·纳尔迪（Henry Nardy）家中带走一小块仙人掌进行了拍摄，他还带我们走进长满甘草的花园，感谢他对我们的鼎力支持。

感谢范尼·沙（Fanny Schall）制作模拟胡椒糖。

也感谢伊冯·贝尔纳（Yvon Bernard）借给我们六七十年代的怀旧钥匙圈。

当然还要感谢热纳维埃夫（Geneviève）和贝尔纳·布鲁吉埃尔（Bernard Brouquière）总是有求必应，给我们送来最新的糖果和糖盒。

图书在版编目 (CIP) 数据

糖果植物 / (法) 塞尔日 · 沙 (Serge Schall) 著 ; 陈佳欣译 . — 北京 : 生活 · 读书 · 新知三联书店，2019.1
(植物文化史)
ISBN 978-7-108-06017-4

Ⅰ . ①糖… Ⅱ . ①塞… ②陈… Ⅲ . ①植物 – 通俗读物 Ⅳ . ① Q94-49

中国版本图书馆 CIP 数据核字 (2017) 第 194887 号

策划编辑　张艳华
责任编辑　李　欣
装帧设计　张　红
责任校对　龚黔兰
责任印制　徐　方
出版发行　生活 · 讀書 · 新知 三联书店
（北京市东城区美术馆东街22号 100010）
经　　销　新华书店
图　　字　01-2017-5917
网　　址　www.sdxjpc.com
排版制作　北京红方众文科技咨询有限责任公司
印　　刷　北京图文天地制版印刷有限公司
版　　次　2019年1月北京第 1 版
2019年1月北京第 1 次印刷
开　　本　720毫米 × 1000毫米　1/16　印张 11
字　　数　100千字　图255幅
印　　数　0,001-8,000册
定　　价　68.00元

（印装查询：010-64002715；邮购查询：010-84010542）